U0151845

eCognition 遥感图像处理实战

王学恭 　郝　容　郭　涛　白　洁　刘孟琴　编著

教育部产教融合协同育人项目（201802070125）
国家级大学生创新创业训练计划项目（201910739003）
四川省应用基础研究（面上）项目（2017JY0284）　　　　　　　　　　　资助
四川省省院省校合作（重点）项目（2018JZ0054）
成都市重点产业研发支撑计划——技术创新研发项目（2019-YF05-01368-SN）
天水师范学院校级教学研究项目（SYJY201734）

科　学　出　版　社

北　京

内 容 简 介

本书由 eCognition 研发一线的高级工程师、高校教师和行业专家集多年实战经验撰写而成。除基础理论和基础操作外，本书特色主要体现在行业解决方案和生产实际应用案例详解。

全书分为基础操作、解决方案和生产应用 3 篇，共 9 章。其中，基础操作篇分 3 章，主要内容为 eCognition 9.x 软件介绍、基础架构、产品组成，以及新版软件增加的模板匹配和点云数据分析；解决方案篇分 3 章，主要以解决方案为背景，对 eCognition 的转移图层、矢量数据、区域和地图分析进行讲解；生产应用篇分 3 章，主要以建筑物规范化质检为例，详细阐述了 Architect 的应用。

本书简化理论，注重应用，可作为地理信息科学、遥感科学与技术专业本科生实习教材，亦可供高校相关学科教师、相关领域工程技术人员参考，同时也可作为高校研究生和企业培训的配套教材。

图书在版编目（CIP）数据

eCognition 遥感图像处理实战/王学恭等编著. —北京：科学出版社，2020.6

ISBN 978-7-03-065146-4

Ⅰ. ①e… Ⅱ. ①王… Ⅲ. ①遥感图象–影像处理软件 Ⅳ. ①TP751.1

中国版本图书馆 CIP 数据核字（2020）第 081977 号

责任编辑：杨 红 郑欣虹/责任校对：杨 赛
责任印制：张 伟/封面设计：迷底书装

科 学 出 版 社 出版
北京东黄城根北街 16 号
邮政编码：100717
http://www.sciencep.com
北京中科印刷有限公司印刷
科学出版社发行 各地新华书店经销
*
2020 年 6 月第 一 版 开本：787×1092 1/16
2023 年 1 月第三次印刷 印张：16
字数：384 000
定价：68.00 元
（如有印装质量问题，我社负责调换）

序 一

　　中国对遥感技术的发展极为重视，已建立起专业化的研究应用中心和管理机构，形成了一定规模的专业化遥感技术队伍。遥感在中国已经取得了丰硕成果，并被广泛应用于国民经济发展的各个方面。随着社会经济和技术的快速发展，人们对遥感技术及应用也提出了更高的要求：一是对遥感信息精度要求越来越高；二是对遥感数据海量处理需求越来越大；三是多源遥感数据、多学科综合分析应用越来越多；四是对遥感数据自动化分析处理方法的研究越来越紧迫。

　　eCognition 的出现，推动了遥感图像向更高层次的应用，它是世界上第一个将基于对象技术应用于地学分析的软件，由德国诺贝尔物理学奖获得者 Gerd Binning 教授基于 10 项专利的网络认知技术（cognition network technology，CNT）研发。它模拟人类视觉感知系统，从多个角度、多个层次、多个时间及空间关系综合分析多源数据，将人类的认知过程转化成计算机能够识别的语言来进行自动化解译分析，并可以将这种分析过程存储、升华及再应用。最难能可贵的是它始终保持遥感信息分析领域理论方法及应用算法的先进性，每年将当前最先进的图像分析技术融入图像分析功能中，并提供了关于物体描述的特征及上千种图像分析的算法，这些丰富的特征描述和灵活的分析算法为智能图像分析研究者将自己的研究理论转换为被算法识别过程提供了便利，使得自动化信息提取变为可能。

　　阅读该书，读者可以了解 eCognition 的基础操作，同时学习到通过规则集来构建新的机器学习算法，体会 eCognition 在高分辨率影像应用方面的独特魅力。特别是高校科研人员、企业工程师和行业专家均能在该书中找到自己的解决方案或灵感。

　　我有幸先读该书，赞赏该团队的丰厚成果之余，也向各位读者大力推荐这本力作。

中国气象科学研究院　房世波

2019 年 12 月 11 日

序 二

高分辨率遥感影像具有丰富的空间特征及光谱纹理信息，在自然资源调查监测、城乡规划、生态环境保护、应急救灾、精准农业等领域发挥着极其重要的作用。如何实现地表信息的高精度、高效率、高准确率提取是考验一个影像解译软件实用性非常重要的指标。目前诸多类似软件都在该领域进行积极探索，eCognition 无疑是该领域的佼佼者。

"不积跬步，无以至千里；不积小流，无以成江海"，经过几代 eCognition 人的不懈努力，终于铸就了一款功能非常强大的影像后处理软件，实现了遥感影像解译、分析、统计等强大功能，并创造出一套独特的遥感影像分析解决方案和工艺流程。

进入智能化时代以来，高分辨率遥感影像在自然资源调查方面已经发挥了很大作用。下一步自然资源调查将在国土调查、地理国情调查监测的基础上，构建四位一体的监测体系，即宏观监测、常规监测、精细监测和应急监测。要构建自然资源调查监测体系，仅仅依靠人工目视解译分析是远远不够的，更多的工作需要软件自动化来实现。eCognition 在这个领域展示了自己强大的实力，极大提高了生产效率与信息提取的准确率，这将带来巨大的社会效益和经济效益。

随着人工智能、大数据和云计算的兴起，深度学习、迁移学习和强化学习等技术已成为各行业的重要发展方向。高分辨率遥感影像时空大数据的智能发掘和利用及其共享方式和规则将是地理信息产业服务行业的机遇与挑战，跨界融合和群智开放是人工智能当前加速的最关键特征，在这方面，eCognition 已走在前列，更深层次服务于诸多行业，快速、准确提取所需遥感影像信息。

该书内容浅显易懂，为读者提供了较为翔实的操作指南，即使非专业人士，根据书中讲解，也可轻松入门进行操作。值得一提的是该书独辟蹊径的问题解决方法，为读者更深入学习和应用 eCognition 提供了参考。

科技推动发展，软件提升效率。相信在 eCognition 人和读者的共同努力下，eCognition 会更加智能、更加快捷、更加精确，迎接更大的挑战，带来更多的机遇，为已经到来的人工智能时代再书写浓墨重彩的一笔。

自然资源部第三航测遥感院　张平

2019 年 12 月 7 日

前　言

随着航空航天技术的快速发展，高空间分辨率和高时间分辨率的遥感卫星数据空前增加。在大数据时代，从海量的遥感卫星数据中挖掘信息、知识表示与推理，是目前遇到的一个挑战。eCognition 在这些方面具有先天优势。eCognition 是以对象的遥感图像解译为指导的遥感应用分析平台，集成了 SVM、深度学习和超像素分割算法等机器学习算法。从并行处理能力来看，eCognition 从单机版交互式影像分析进化到基于规则集开发模式的专业化影像分析，进而升级为自动化海量影像并行处理系统。

在 eCognition 给行业带来福音的同时，也给读者提高了学习成本。eCognition 概念体系复杂、算法特征参数类型繁多，而可参考的资料却较少。eCognition 引进国内十几年以来，用户与潜在用户不断增加。但截至目前还没有一本系统的、操作性强的参考教材出版，大多数读者只是参加短期的软件学习培训班，依靠软件自带的参考资料自己琢磨，费时费力，往往效果不佳，学习新技术的热情在不得法的学习过程中消磨殆尽。

本书由致力于 eCognition 研发一线的高级工程师、高校教师与行业专家共同完成，兼顾高校教材特点和企业生产实际，将行业解决方案和生产实际应用情况进行了系统结合。与编者参与的姊妹书《eCognition 基于对象影像分析教程》相比，本书具有简化理论，注重操作实践的特色，以企业级的高标准来撰写本书，主要面向高校教师、高年级本科生、研究生和生产一线的工程师。

全书内容分为基础操作、解决方案和生产应用 3 篇，共 9 章。基础操作篇：第 1 章，主要介绍了 eCognition 9.x 软件概况、基础架构、产品组成和特色，并对如何使用本书进行了介绍。第 2 章，对 eCognition 9.x 新增的模板匹配进行了分析，并对模板匹配和非模板匹配实际操作进行了介绍。第 3 章，以行业点云数据分析为例，通过点云数据处理、点云信息和影像结合进行实际操作，让读者深入了解如何使用多源数据进行点云分析。解决方案篇：第 4~6 章，主要以解决方案为导向，将转移图层分析、矢量数据分析、区域和地图分析等使用技巧与具体行业相结合，带领读者将软件操作与行业应用进行深度融合，形成自己的解决方案。生产应用篇：第 7~9 章，主要介绍了 eCognition9.x 的 eCognition Architect 在生产中的使用技巧，让非专业人员也能轻松地使用 eCognition9.x。

本书参阅了国内外大量论著和学术论文，但仍难免有偏颇之处，希望读者在使用过程中能够提出宝贵意见，以便我们持续改进。本书的部分案例及数据由美国 Trimble 公司提供，在此表示感谢。本书的编写分工是：统稿和定稿由主编王学恭（天水师范学院）、郝容（二十一世纪空间技术应用股份有限公司）和郭涛（四川省农业科学院遥感应用研究所）完成；内容简介、前言和上篇等内容由郭涛、郝容和刘孟琴（西南科技大学）编写；中篇和下篇主要由郝容、马浩然（天津农学院）、周菁（北京天目创新科技有限公司）和屈鸿钧（二十一世纪空间技术应用股份有限公司）编写，王学恭、郭涛进行了修改、调整和优化。此外，白洁（天水师范学院）和刘孟琴负责全书的图片修饰、数据整理、实验验证和校对工作。感谢中国气象科学研究院房世波研究员和自然资源部第三航测遥感院张平老师长期的指导与帮助，并在百忙之中为本书作序。本书的出版得到了四川省农业科学院遥感应用研究所黄平、杨健和任国业等所领导的关心和大力支持，李源洪主任、刘轲博士、张敏、覃玥、董秀春等同事和朋友给予很多鼓励与协助，在此一并致以最真挚的感谢。此外，感谢本书的技术审核，他们是自然资源部四川基础地理信息中心周尧工程师，兰州大学王梅梅博士，中国地质大学（武汉）王雄，吉林大学朱梦瑶，四川师范大学叶华丽、胡怡，西南科技大学郭家、李疆，感谢他们对本书做出的贡献。

    本书编写思路 2014 年即由郝容提出，但受种种主客观因素的影响，这一好的想法并未得到及时落实。历时近 5 年的时间，直到 2018 年春，在大家的支持下，才完成此书初稿。本书出版过程中得到了天水师范学院、二十一世纪空间技术应用股份有限公司和四川省农业科学院遥感应用研究所的大力支持。科学出版社的杨红编辑为本书的出版付出了辛勤的劳动，做了大量细致的指导工作。美国 Trimble 公司 eCognition 中国业务负责人在协调案例的合法使用方面给予了极大的帮助，在此一并致以衷心的感谢！

    本书以 2019 年 12 月 10 日最新发布的 eCognition V9.5.1 版本软件为主，试用版 Windows 和 Linux 软件可以在 https://geospatial.trimble.com/products-and-solutions/ecognition 下载。为了持续对本书更新，本书采用 open source book 方式，采用 OSB 协议定期更新新增部分，新增部分以电子版方式开放。同时，希望各位读者对本书存在的问题进行反馈，TIT Lab 团队以 3 个月为固定周期进行新版本迭代更新，以便本书能够持续更新。也鼓励读者将自己工作中涉及的技术形成文档，提交给我们，我们将以开源、包容和尊重知识产权的态度，在后续新版书出版时一一注明。本书中案例的彩色图片、实验数据、eCognition 技术文档和错误校勘可在 https://github.com/guotao0628/eCognition-Book 提交和下载。为了读者与本书作者能够深入开展交流，建立了两个 QQ 群：596706740、189303733，欢迎同行加入参与讨论。

    限于编者的编撰水平，书中可能存在一些不当之处，敬请各位读者不吝赐教。

王学恭　郝　容　郭　涛

2019 年 12 月

目　　录

中篇　解决方案

下篇　生产应用

上篇　基　础　操　作

第 1 章　eCognition 概述

eCognition 是基于对象的智能化遥感影像信息处理软件，涉及的作业流程包括从影像、点云、地理信息系统（geographic information system，GIS）及遥感智能分析过程。从数据处理流程而言，eCognition 主要应用于数据获取、数据预处理和遥感影像智能分析与海量遥感数据挖掘和信息提取。1995 年，由诺贝尔物理学奖获得者，德国的 Gerd Binning 教授基于拥有的十项专利的网络认知技术（CNT），对其进行了商业化，在 2004 年推出企业级智能化影像（enterprise image intelligence，EII）套件，主要致力于生命科学与地理领域，直到 2009 年，才推出全新版的基于对象遥感智能处理软件 eCognition 8，同时进入了中国市场。

经过十多年的发展，eCognition 已经在遥感领域智能化分析平台建设方面遥遥领先。在基于对象遥感影像分析方面取得了显著成果，尤其是将机器学习和深度学习等算法引入遥感影像智能分析模块中。eCognition 9.5 的官方全称是 eCognition® Suite 9.5，定义为：Advanced analysis software and development environment available for geospatial applications enables users to create feature extraction or change detections solutions to transform geospatial data into geo-information。 eCognition® Suite 是由三个子系统组成的生态系统，不同的组件可以单独使用，也可以组合使用，甚至可以覆盖最具挑战性的全自动和半自动生产工作流（见 1.2 节），为了便于统一，本书约定 eCognition® Suite 的简称为 eCognition V9.5。eCognition 具有两大优势：

（1）eCognition 是一个企业级平台，从 eCognition 出现至今，其一直致力于打造企业级解决方案。

（2）eCognition 主要处理对象是多种空间数据源、多种空间分辨率及时间分辨率的遥感影像，通过遥感智能算法提取信息、分析结果，可为行业提供决策支持。

1.1　eCognition 特色

1.1.1　基于对象影像分析

基于对象的影像（object-based image analysis, OBIA）分析理念是设计 eCognition 的核心思想，在 eCognition 9.x 中，为影像自动化分析提供了一批全新的功能和算法。同时，与传统的基于对象的解译及人工手动勾绘相比，eCognition 9.x 软件综合航空、航天、雷达、点云和矢量等方面多源数据，采用自动与人工编辑相结合的方式，设计合理的方案，制订了关于标准工程化作业流程的方案，可以高效地对遥感影像信息进行提取和挖掘；同时，可根据需要及自身条件批量化处理海量数据，节约生产时间，提高生产效率。

1.1.2 与人工智能算法结合

eCognition 紧跟人工智能和大数据的最新研究成果，开发实现了最邻近（nearest neighbor, NN）、朴素贝叶斯（naive Bayesian, NB）、K 邻近（k-nearest neighbor, KNN）、支持向量机（support vector machine, SVM）、分类与回归树（classification and regression tree, CART）和随机森林（random forest，RF）6 种算法。在 eCognition 9.x 最新版本中引入人工智能领域的深度学习和并行计算等方面的思想，以应对目前遥感大数据处理遇到的挑战。在 eCognition Server 中提供了多核和并行处理图像处理方案，增加了多核驱动多尺度分割模块、多核驱动模板功能和多核特征计算功能，这些新的多核处理方案的出现，将大大缩短影像处理的时间，同时也为遥感影像批量自动化生产提供了可能。

1.1.3 分割思想和算法优化

eCognition 最基本的内容是分割与分类，而最核心的一个过程就是分割，除主要算法棋盘分割、四叉树分割、反差切割分割、多尺度分割、光谱差异分割、多阈值分割、反差过滤分割、流域分割、结合矢量分割等多种分割算法外，还为开发者提供了更广阔的空间，可以引进自定义分割算法。与其说 eCognition 提供了一个基于对象处理的软件平台，还不如说给使用者提供了解决问题的思路，主要还得依靠使用者灵活设计分割规则集和优化分割算法。

eCognition 设计思想也是非常开放的。在大部分情况下，感兴趣的影像对象不能用相对统一的均质标准提取出来。由于这个特点，eCognition 提供了基于分类的影像对象分割技术，它甚至可以合并非均质的地区或者允许基于分类修正影像对象的形状。利用不同的分割技术生成影像对象的网络层次结构，每一次分割循环生成网络层次中的一个层。同时，层结构代表不同尺度的影像对象信息。精对象是粗对象的子对象，这样每一个对象都知道它自己的上下文、邻对象、子对象及父对象。网络层次上的操作，可以定义对象间的关系，如森林类的相关边界长度关系，这样可利用的附加信息往往是必要的纹理信息。

1.1.4 提供自动化生产解决方案

在 eCognition Architect 中可以建立应用程序。eCognition Architect 可以作为模板进行存储，也可以根据需要进行 eCognition Server 功能扩展，使用面向服务架构的软件开发方法，自动化进行图像处理。eCognition Architect 也可以给领域专家提供解决方案，如林业工作者、城市规划师和制图学家。

1.2 eCognition 组成

1.2.1 eCognition 生态系统

eCognition 经过二十多年的发展，形成了自己的生态系统，每个子系统都具有各自的功能和分工，如图 1-1 所示，eCognition 由 eCognition Developer、eCognition Architect、eCognition

Server 三个模块组成，组合应用于工程化影像信息提取生产任务。

　　eCognition Developer 是一个强大的基于对象的影像分析集成开发环境（integrated development environment，IDE），主要通过构建开放规则集来对遥感影像进行挖掘分析和信息提取。因此，构建规则集是使用者的核心任务。伴随开发工作的不断深入及工作流程的不断改进，Developer 不受限制地提供 CNL（cognition network language）全部功能，以帮助开发针对新影像分析任务的解决方案。所开发的自动影像分析解决方案可以被保存在独立式和分布式的环境中，供 eCognition 调用分析（图 1-2 和图 1-3）。

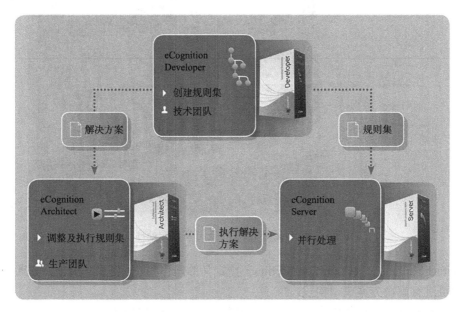

图 1-1　eCognition 生态系统

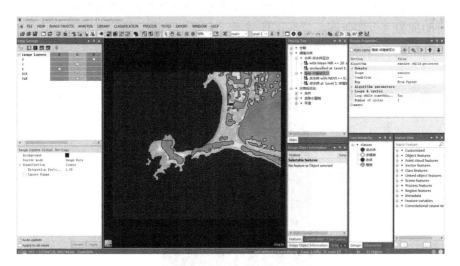

图 1-2　Rule Set 规则集模式

　　eCognition Architect 是一个综合的工具集，为行业领域专家提供了优秀的解决方案。能够使非技术专业知识的领域专家（如植被制图专家、城市规划者或林业管理者等）轻松配置、校准和执行在 eCognition Developer 中创建的影像信息提取工作流程。作业人员不需要做任何的开发，只需按照操作流程调节参数值，逐步执行就可以提取到所需信息。但这也对作业人员提出了一定要求：需要对软件的架构设计和算法思想进行深刻理解，这样才可以为自己提供优秀的解决方案。

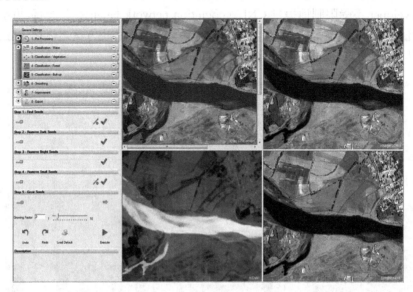

图 1-3　eCognition Developer 开发工作处理流程

　　Architect Toolbox 是 eCognition Architect 预定义的操作集，不需要再开发，只通过简单的点击，便可进行解决方案模型构建。

　　eCognition Server 软件提供了一个批量且能并行处理影像的计算环境，可专门为大比例尺影像工程提供解决方案。目的是成倍地减少实际工作中数据处理的时间，最大限度地利用计算机自身的能力，节约时间，提高工作效率。它是一个虚拟的后台处理，但同时可以通过查看提交任务的处理状态，监管任务的执行情况（图 1-4）。

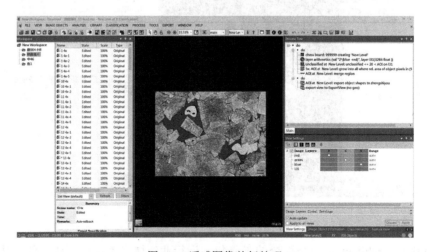

图 1-4　遥感图像并行处理

1.2.2　特点

eCognition 系统由 eCognition Developer、eCognition Architect 和 eCognition Server 三部分组成，表 1-1 总结了其功能及特点。

表 1-1　eCognition 系统功能及特点

名称	功能	特点
eCognition Developer	开发规则集和应用开发程序；修改、组合和校正规则集；处理多源数据；执行和监测分析过程；检查和编辑结果	基于对象分析的工具和先进算法；分析栅格、矢量和云数据等多源数据；企业级工作流程；二次软件开发包 SDK；在线访问规则集资源
eCognition Architect	根据 Architect Toolbox 建立模型；执行和监测分析结果；检查和编辑结果	快速访问高级集合功能；使用 Architect Toolbox 快速构建解决方案；方便的工作流向导
eCognition Server	批量处理数据；面向服务的架构；集成 ArcGIS；高度伸缩性	批量处理海量遥感数据；全面的管理工具集；整合 ArcGIS 工作流程；将 API 集成到工作流程

1.2.3　eCognition Essentials

eCognition Essentials 是一款强大的即装即用式的遥感分析解决方案软件，有直观的图形用户界面、业务化作业流程和高性能作业方式。其主要特点如下。

（1）所有功能集于一身的影像分析解决方案。eCognition Essentials 构建在核心 eCognition 软件技术之上，能够为用户提供一个完整的即装即用式解决方案，进行基于对象的影像分析。eCognition Essentials 的重点是快速获得高质量的结果和可操作的数据，使用户轻松地分析影像数据，并把它们转换成智能地理空间信息。

（2）直观的图形界面。对于任何希望利用遥感数据的人员，eCognition Essentials 提供了一个易于使用且直观的图形用户界面。该软件可以立即开启自动分割和分类的任务，把基于样本的影像分类工作流程直接放在一个生产用户的手中。

（3）自动化和批处理。能够以最短的时间获得成果，这归功于自动影像分析功能和批处理能力。这些功能包括影像分割、基于样本的分类、变化检测及用于质量控制的一套互动工具。为了以人工不介入方式分析数据集或者在专用服务器硬件上进行分析，eCognition Essentials 可以向 eCognition Server 提交分析任务，然后由 eCognition Server 以批量方式自动处理提交的所有数据。

（4）降低复杂性，功能多样。eCognition Essentials 是一个独立运行的应用软件。它能覆盖所有基于监视的影像分析步骤，从遥感数据中有效提取高质量的信息，用于环境、城区和农业用地覆盖等应用场合，同时也可以改变检测映射。通过把预定义和结构化的规则应用于影像分析任务中，eCognition Essentials 给出了一个简化的工作流程，能够从原始影像数据中快速提取地理空间信息。任何时刻，只有最相关的操作才显示在屏幕上，而组件序列将按照预定义格式把用户引导到最佳结果。

（5）访问 InSphere Data Marketplace。eCognition Essentials 可以使应用者轻松地访问 Landsat 8 遥感影像库，并立即开始产生结果。

以上内容参考 eCognition Essentials 1.3 官网资料，详细信息可访问：https://geospatial.

trimble.com/products-and-solutions/ecognition-oil-palm-solution。

eCognition V9.5 提升了 DL 和 CNN 性能。eCognition 深度学习算法已扩展至支持使用批处理规范化的模型，从而使深度学习速度更快、更健壮（图 1-5）。新的高级样本操作有利于生产工作流的自动化。

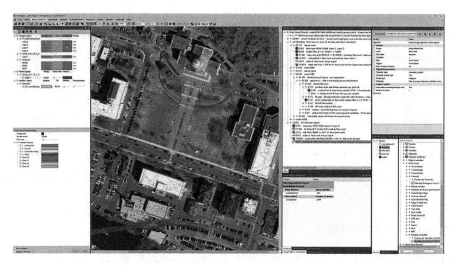

图 1-5   增强深度学习性能

1.3   eCognition 新功能

eCognition 9.x 版本发生了很大的变化，吸收了人工智能、大数据等方面的最新前沿技术，将深度学习和并行计算等集成进来，以满足海量遥感数据处理、知识与信息提取的需求。

1.3.1   深度学习

eCognition 现在提供 Google TensorFlow™库深度学习（deep learning, DL）算法，以直接利用这种先进的机器学习技术。eCognition 可以为客户提供高度复杂的模式识别和关联工具，可以自动分类感兴趣的对象，从而获得更快、更准确的结果。其中，卷积神经网络（convolutional neural networks, CNN）处理遥感图像的机制为：一个卷积神经网络具有很多信息图层，每个信息层用于探测图像的不同特征。不同的分辨率下每个训练的图像都需要进行过滤，输出的卷积图层主要用于下一层特征寻找的输入图层。新工具包括可训练的卷积神经网络模型和用于自动生成样本补丁，训练和应用模型的算法，以及将模型保存和加载到 eCognition 中的能力（图 1-6）。

1.3.2   多核处理

eCognition 新版本增加了单任务多核处理遥感影像处理能力，读者可以采用大规模的高性能服务器批量处理海量遥感影像数据。eCognition 9.x 进一步实现了功能增强，可以采用 8 内核处理器来分割遥感图像，将会大大缩短深度学习的计算时间。此外，在功能视图窗口中，计算特征值也可以采用多核进行计算。多核功能可最大限度地提高计算能力，减少处理瓶颈，提高处理效率。

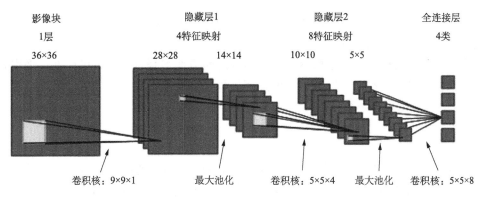

影像块　　　　　　　隐藏层1　　　　　　　隐藏层2　　　　　　全连接层
1层　　　　　　　　4特征映射　　　　　　8特征映射　　　　　　4类
36×36　　　　　28×28　　14×14　　　10×10　　5×5

卷积核：9×9×1　　　最大池化　　　卷积核：5×5×4　　最大池化　　卷积核：5×5×8

图 1-6　卷积神经网络（CNN）

1.3.3　模板匹配

eCognition 核心思想是在计算机视觉对象检测基础上扩展现有的知识和监督的分类方法。模板编辑器窗口允许读者轻松收集样本以定义应用于图像数据的搜索模板。另外，模板匹配算法可创建用于检测对象的相关系数层。

1.3.4　点云分析和三维可视化表达

eCognition 中新的 3D 点云功能集成了航空和地面点云数据，以执行复杂的 3D 数据分类，提取信息并分析信息随时间的变化。新算法允许自动点云分类和专题信息制作。最新的 eCognition 版本提供了新的点云查看功能，可以充分利用输入数据的信息，并在项目中有效地组合栅格、矢量和点云数据（图 1-7）。

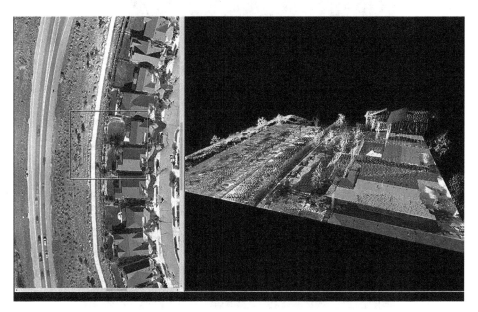

图 1-7　增强点云的可操作性

3D 点云功能已经扩展支持 3D 矢量数据，将 3D 点云数据和矢量数据叠加在一起，可以更好地理解空间信息分布特征。

总体而言，eCognition V9.5 版本从功能与处理两方面增强点云的可操作性。采用新的点云重采样算法，以减少在密集区域中点的过度采样，这样能提高处理速度。另外，栅格图层能在 3D 视图中显示，丰富数据的融合与辅助规则集开发。

1.3.5 加强交互界面体验

在 eCognition V9.5 版本中对软件的用户界面进行了加强，使得用户体验更加舒服、流畅。尤其对通用工具和规则集界面进行了改进，使得用户开发规则集和使用软件更加简单。同时对视图窗口作了改进，使得矢量、栅格数据和点云等多源数据可进行融合和查看，便于更好地挖掘数据中存在的规律。在新版中还增加了检索功能，用户可通过检索快速找到自己需要的信息。同时还提供了一个在线的 HTML 文档供用户在线学习。

1.3.6 扩展矢量的面向对象影像分析支持

eCognition V9.5 版本的矢量分析工具和能力得以增强，尤其对矢量算法的区域支持具有明显的性能优势（图 1-8）。这样的区域可以方便地基于矢量域生成。

一些新的特征与算法使得基于矢量域处理更加灵活。例如，现在可以在矢量域中计算统计，收缩多边形矢量，对于点矢量，读取其层值与对象类。

图 1-8　矢量对象影像分析扩展

1.4　eCognition 优势与应用案例

1.4.1　eCognition 优势

1. 多源遥感数据支持

eCognition 软件支持国内外绝大多数传感器的数据读取，如 3D 影像、LiDAR 数据、点云数据重新采样、3D 基于对象影像分析等。此外，也支持二次开发，可提供软件的 API 相关接口及文档资料（表 1-2）。

表 1-2　eCognition 支持的源数据

支持类型	主要内容	说明
卫星遥感数据	Landsat 系列卫星、环境卫星、高分系列卫星数据、北京 2 号、REPIDEYE 卫星、SPOT 系列卫星、ALOS 卫星、GEOEYE/IKONOS 卫星、WORLDVIEW/QuickBird 卫星、航空影像系列等	后续版本还会增加新的传感器遥感图像读取
图像格式	TIFF、GeoTIFF、img	
3D 影像	3D 基于对象影像分析	
LiDAR 数据	可以直接以*.las 文件点云格式导入，点云数据重新采样	

2. 多尺度分割技术

多尺度分割技术是基于网络认知和上下文关系的对象识别技术。识别是根据对象所在的位置、环境背景、上下文及相关对象之间的关系做出综合分析的技术。在遥感图像的基于对象信息提取中，主要根据如像素的灰度、纹理、色彩等，选择适合的尺度参数、色彩参数与形状参数对遥感数据进行分割，采用多尺度分割、棋盘分割、四叉树分割和光谱差异等分割算法生成不同尺度的影像对象层，形成对象层次网络体系（表 1-3）。

表 1-3　多尺度分割算法

算法名称	主要内容	应用背景
棋盘分割	一种简单的分割算法，它将一幅影像或特定影像对象分为指定大小的正方形小对象。方格网平行于影像的左边界和上边界，大小固定	①基于矢量的分割，需要将分割尺度设置为一个超大的值，或者可以参考影像的大小，设置一个超过影像较大边长像素个数的值；②将大块数据分区，排除大范围影像分析的干扰；③做精细化的缓冲区域分析；④对原有影像对象用新的分割算法进行优化，往往需要先对影像对象实施大小为 1 的棋盘分割恢复到像素大小，再对其实施自下而上的多尺度分割；⑤通过棋盘分割实现对影像降分辨率，以便降低尺度
四叉树分割	与棋盘分割类似，但是它创建出的正方形大小不等。一幅影像或特定影像对象分割为方形对象组成的四叉树格网	四叉树分割方法不会单独使用，一般会配合光谱差异分割，两者组合使用可以达到分割效果符合自然地物边界的目的。但由于它是基于四叉树格网分割后的进一步处理，一些影像对象的边界没有多尺度分割结果精准

续表

算法名称	主要内容	应用背景
多阈值分割	切割影像对象域，并基于既定的像素阈值对其进行分类。该阈值可以由读者自定义或者与自动阈值算法相结合自适应产生	该算法把基于直方图的方法和多尺度分割的均质性度量相结合使用，计算出一个阈值把选定的像素集分为两个子集。可以对整景影像或对个别的影像对象确定阈值，这取决于阈值将存储到一个场景变量或是一个对象变量中去
反差滤波分割	是一种非常快速的初始分割算法，在某些情况下，它可以一步分离出感兴趣对象。因为反差滤波分割不需要令初始创建的影像对象原型小于感兴趣对象，所以该方法创建的影像对象的数目少于其他的分割算法	反差滤波分割能极大地改善影像分析整体性能。该算法尤其适合反差较大的影像
反差切割分割	类似多阈值分割，将影像或影像对象分为明、暗两个区域。它是基于阈值实现分割的，亮区影像对象的像素值大于该阈值，而暗区影像对象的像素值则小于该阈值	该算法考虑不同的像素值为潜在阈值，按照一定的步长间隔，从最小到最大测试评估每个潜在的阈值，明、暗区之间的反差将被评估，测试阈值中导致最大反差的阈值将被选为最佳阈值，用来切割，最终生成明、暗区域
多尺度分割	一个启发式优化过程，在给定的尺度下局部最小化影像对象的异质性，适用于像素级或影像对象级。多尺度分割是一种从单像素对象开始的自下而上的区域合并技术	分割参数原则：①任意一次分割，在满足必要的形状标准的前提下，都应该以光谱参数为主要分割依据，这是因为光谱信息是最重要的影像信息；②对于线性地物，如道路、河流等可以提高光滑度参数，紧致度权重应设低一些；③对于接近矩形的地物，如房屋、厂房等，紧致度参数可以设高一些
光谱差异分割	是一种分割优化手段，它需要在已有的影像对象基础上，通过分析相邻对象的均值层亮度值差异是否满足给定的阈值，来决定是否将邻近的对象进行合并	不能基于像素层创建新的影像对象
分水岭分割	是一个区域增长算法，用来对单一影像层进行分割。局部影像亮度最小值被当作种子对象，对象向亮度较大的邻域对象增长直到遇到从邻近种子对象增长过来的对象为止	汇水盆地的分布与影像中均质灰度水平的区域相一致，这种方法适用于将特别凸出的对象与相对平缓的对象区分开，即使这些对象在相对均质的影像数据中感觉不到什么差异。当这种方法有效时，它十分方便、快捷和强大
超像素分割	超像素分割算法又分为基于图论的分割算法和基于梯度上升的分割算法。基于图论的方法将像素作为图的节点，从而最小化在图形上定义的费用函数。两个节点间的边缘权重与相邻像素的相似度成正比。梯度上升法从一个粗略的初始像素聚类开始，通过不断迭代优化直到满足对象生成的收敛标准	eCognition 软件超像素分割的方法支持 SLICO、SLIC、MSLIC 3 种不同类型

参考资料：关元秀, 王学恭, 郭涛, 等. 2019. eCognition 基于对象影像分析教程. 北京：科学出版社.

　　基于对象多尺度分割生成的影像对象的基本单元已不是单个的像元，而是由同质像元组成的多边形块状对象。对基于对象影像分析方法而言，分割过程中生成的影像对象是影像对象原型，它可以作为信息的载体和原料用于进一步的分割或分类。通过进一步的向下分割或向上合并，建立基于对象多尺度分割体系。分割的最终目的不是分割，而是通过分割得到最佳的影像对象信息。

　　分割中各种参数的选择很重要，对不同的地物分类，应建立不同的分割尺度，通过选用多种尺度对影像进行分割，形成多层次的块状对象架构。一般情况下，第一层次主要区别本区域主要地物，类别较粗，分割尺度适中，并以光谱信息为主，形状因子为辅，避免地物分割细碎，同时也防止小面积区域分割错误；第二层次是在第一层分类结果的基础上，单独对第一层次已分出的地物进行再一次分割,范围较小,类别较细,以形状因子或色彩因子为主,分割尺度设置应小于第一次分割尺度,具体设置视情况而定。

3. 机器学习分类算法

eCognition 将人工智能领域的机器学习算法集成进来,目前主要有朴素贝叶斯、K 邻近、支持向量机、决策树、随机森林和卷积神经网络等机器学习算法。

(1)具体算法如表 1-4 所示。

(2)主要分类思想包括以下几点。

第一,可以通过定义样本或给定初始规则的方法来指定要提取的特征。

表 1-4　机器学习分类算法

算法名称	主要内容	优缺点
朴素贝叶斯	依靠精确的自然概率模型,在有监督学习的样本集中能获得非常好的分类效果	优点:①朴素贝叶斯模型发源于古典数学理论,有着坚实的数学基础,以及稳定的分类效率;②对小规模的数据表现很好,能处理多分类任务,适合增量式训练;③对缺失数据不太敏感,算法也比较简单,常用于文本分类 缺点:①需要计算先验概率;②分类决策存在错误率;③对输入数据的表达形式很敏感
K 邻近	一个对象的分类取决于其邻近的样本,如果该对象在特征空间中的 K 个最近的样本中的大多数属于某一个类别,则该样本也属于这个类别(K 是一个正整数,通常很小)	优点:①理论成熟,思想简单,既可以用来做分类,也可以用来做回归;②可用于非线性分类;③训练时间复杂度为 $O(n)$;④对数据没有假设,准确度高,对边界不敏感 缺点:①计算量大;②样本太少或在空间分布不均匀时,效果差;③需要大量内存
支持向量机	基于定义决策边界的决策平面的概念,一个决策平面用来区分一系列具有不同类别成员关系的对象。支持向量机将向量映射到一个更高维的空间里,在这个空间里建立一个最大间隔超平面。在分开数据的超平面的两边有两个互相平行的超平面。分割超平面使两个平行超平面的距离最大化	优点:①可以解决高维问题,即大型特征空间;②能够处理非线性特征的相互作用;③无须依赖整个数据;④可以提高泛化能力 缺点:①当观测样本很多时,效率并不是很高;②对非线性问题没有通用解决方案,有时候很难找到一个合适的核函数;③对缺失数据敏感
决策树	将数据分为许多个内部同质的子集。其目标是创建一个模型基于一些输入的变量来预测目标变量值,树可以通过对基于属性值的测试将原集分割为子集进行学习。该过程在每个派生的子集中以递归方式进行重复,其被称为递归拆分。当该子集在一个节点上所有的值都与目标变量的值相同,或者当分割不再向预期增加值时,递归结束。通过建立树算法进行分析的目的是决定一系列 if-then 逻辑(分割)条件	优点:①计算简单,易于理解,可解释性强;②比较适合处理有缺失属性的样本;③能够处理不相关的特征;④在相对短的时间内能够对大数据做出可行且效果良好的结果 缺点:①容易发生过拟合(随机森林可以很大程度上减少过拟合);②忽略了数据之间的相关性
随机森林	随机森林分类器与其说是一个模型不如说是一个框架,它使用一个特征矢量,并使用"森林"中的"树"对其进行分类,结果会在其结束的终端节点对训练样本产生类别标签,这意味着该标签根据其获得的大多数"投票"被指定类别,据此对所有的树进行循环将产生随机森林预测	在随机树中,误差的估计是在训练过程中内部进行的,当前树的训练集通过有放回的抽样进行绘制时,一些矢量将不会被考虑。这种数据被称为"包外"数据(out-of-bag,OOB)。"包外"数据的大小是初始训练集 N 的 1/3 左右,分类误差就是基于"包外"数据进行评估的

续表

算法名称	主要内容	优缺点
卷积神经网络	一个卷积神经网络具有很多信息图层，每个信息层用于探测图像的不同特征。不同的分辨率下的每个训练的图像都需要进行过滤，输出卷积结果作为下一个图层的输入	卷积神经网络具有特殊的网络结构，每个隐藏层通常由两个不同的层组成，分别是卷积层和池化层。卷积层是前面输入层的局部卷积结果，用来提取特征，越深的卷积神经网络会提取越具体的特征，越浅的网络提取越浅显的特征。卷积核具有可训练的权重。池化层用来减少参数的数量，最大池化通过保留几个单元的最大响应，从而减少单元数量。几个隐藏层之后，通常是全连接层。网络预测的每一个类别都有一个单元，并且每一个单元都接收来自上一个层所有单元的输入

参考资料：关元秀，王学恭，郭涛，等. 2019. eCognition 基于对象影像分析教程. 北京：科学出版社.

第二，采用机器学习算法对给定的样本进行分类，当获得初始提取结果后，可根据提取效果和要求修改或精化提取规则来迭代学习过程以改善提取结果。

第三，通过手工编辑去除没有处理好的部分来提取理想效果。采用基于样本的监督分类、基于知识的模糊分类、二者结合的分类及人工分类等多种分类方法，其中基于样本的监督分类和基于知识的模糊分类是其核心。基于样本的监督分类使用最邻近法，通过在特征空间中寻找最近的样本对象进行分类；基于知识的模糊分类使用成员函数法，利用图像对象与样本对象之间距离的大小确定每个对象隶属于某一类别。

该功能提供了针对高分辨率影像的地物分类和信息提取算法，在数据分析处理时均采用了机器学习技术，通过对光谱信息和空间几何关系的分析来实现数据的分类和特征的提取，可快速、高效地输出地理空间信息数据。

基于对象的分类是基于类层次的模糊逻辑函数分类。模糊逻辑函数分类不是仅仅把严格影像对象赋予一个类，它可以提供这个对象对所有可以考虑类的隶属度，而且子类可以继承父类的描述。

（3）分类后的精度评估。基于对象的遥感影像分类精度达到一个较高的层次，基于高分辨率的遥感影像应用面向对象的分类方法，结合目视解译，得到的分类图详细而又符合实际情况，分类后处理也简便易行。基于对象的分类方法不仅利用光谱特征，而且还利用其他如空间特征、形状特征、纹理特征等参与分类，提高了分类精度。

（4）结果输出。分类后的结果，可以以多种方式输出。可以输出分类对象的各种属性（如面积、周长等）进行各种分析，还可以以矢量的格式输出分类的结果。

4. 并行计算优势

读者主要通过 Web 浏览器登录，在界面中提交任务，查看进度和下载结果。该功能需要系统能够在工作空间 Workspace 中，对多个工程 Project 进行集中管理。根据数据量的大小，主要有集成式和分布式两种处理海量遥感数据的方式。

（1）集成式。该工作模式适用于数据量较小，工程较少时使用，其由一台主处理机作为处理节点使用，完成全部的数据处理功能，而由多台局域网内的其他机器组成客户机，用于提交处理方案。

（2）分布式。该工作模式由管理服务器、数据服务器、工作节点组成，其中数据处理由分布在局域网内的多个工作节点完成，形成类似于云计算的工作模式（图1-9）。

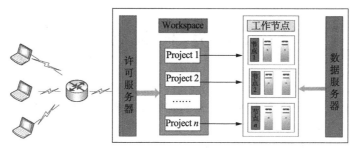

图 1-9　分布式工作模式

5. 多种特征模式识别

包括各种常规特征，如光谱信息、空间位置、形状等，同时还支持多种高级特征，如对象层次关系、纹理特征、对象逻辑关系、相关性特征，同时允许读者结合创建自定义特征，既包括创建传统的算术特征，又可创建包含各种逻辑关系的关系型特征，特征的选取不受软件的限制，即特征具有良好的可扩展性。

1.4.2　应用案例

eCognition 经过二十多年的发展，在行业和学术界产生了一批成果。图 1-10 列举了常见的应用区域和应用案例，具体的可以查看本书参考文献。

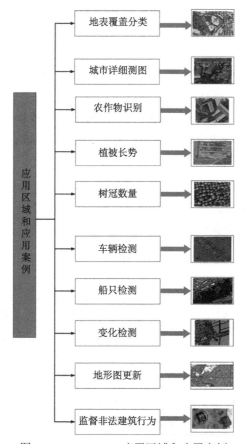

图 1-10　eCongition 应用区域和应用案例

1.5 关于本书

1.5.1 本书内容

本书基于 eCognition V9.5 软件平台，从基础操作、解决方案和应用案例三个视角来进行组织。这样组织的原因如下：

（1）eCognition 具有天生的解决方案特性，从 eCognition 出现就一直打造企业级解决方案。因此，为了让读者体验 eCognition 这些特性，本书以解决方案的企业级流程编写，同时为兼顾高校科研人员和领域专家，特意安排了基础操作篇和应用案例篇。

（2）为了兼顾高校高年级教学的需要，本书以课程教学方式对课程内容进行安排，即将完整的解决方案分成小节，便于高校学生学习和教师对课程的合理安排。

（3）本书的定位不是基础理论和基础操作教程，在已出版的《eCognition 基于对象影像分析教程》中对基础理论和操作进行了详细的介绍，读者可先学习基础和操作部分，有助于对本书的理解。

1.5.2 阅读建议

根据本书定位，对读者的阅读建议如下（图 1-11）：

（1）本书以实战为主，这需要读者具有非常强的动手能力。读者把本书当作工具书，工作和研究中按需学习；也可以当作企业级实战的模板，读者可自行对里面的解决方案进行扩展和完善。

（2）为了方便非专业人员和不会编程人员阅读，本书提供了 eCognition Architect 模板的创建和使用，读者可以快速构建自己所需的或自己感兴趣的模型。

（3）知识是无限的，一本书不可能穷尽所有的知识点和操作，希望读者以本书为基础，参考国内外大量的优秀学术论文和有关论著，在本书的框架结构下进一步完善自己的工作。

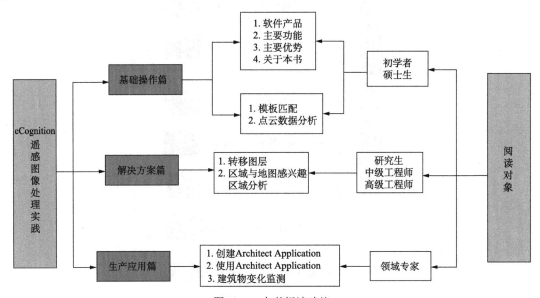

图 1-11 本书阅读建议

第 2 章　模　板　匹　配

eCognition 9.x 版本以后，在已有的基于知识及监督分类方法的基础上扩展了基于对象探测的计算机视觉技术模板匹配（Template Matching）。读者利用新模板编辑窗口可以很容易地收集样本，进而定义搜索模板，并将这个模板应用到整个影像数据域。另外，模板匹配算法能够通过创建相关系数层的方法探测新对象。

模板匹配操作过程，主要包括收集样本的 GUI 界面；创建和评估模板的 GUI 界面和模板匹配算法。

2.1　模板匹配算法

打开文件夹 Template Matching Demos → 01_TemplateMatchingAlgorithm，其中有三个文件夹：第一个是 Images 文件夹，里面包含要处理的影像数据 Demo.tif；第二个是 Templates，里面包括将要用到的提前做好的模板文件 Tree.tif；第三个文件夹 Project 包含已经做好的工程 Demo_After.dpr。

2.1.1　创建样本匹配图层

打开 eCognition Developer 软件，导入数据 Demo.tif。在 Process Tree 中，右键单击空白处，选择 Append New。在弹出来的 Edit Process 编辑框中写入 Template Matching Algorithm，单击 Ok 按钮确定。右键单击已经建好的进程 TemplateMatchingAlgorithm，选择 insert child 插入子进程，在算法选择 Algorithm 中选择 template matching 模板匹配算法，在 Template folder 中从文件夹选择要用到的模板文件所在文件夹位置…\Templates，在 Input layer 里选择要处理的影像数据 Demo.tif 的第二个波段 Layer 2，在 Output layer 中输入根据 Layer2 根模板文件 Tree.tif 建立的模板匹配度图层名称 ccTreeTemplate。设置的参数如图 2-1 所示。

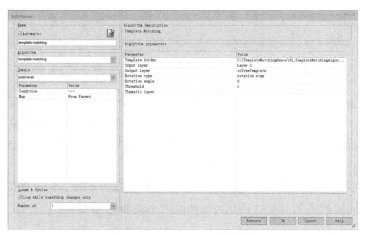

图 2-1　Edit Process 参数设置

单击 Execute 按钮执行，可以看到在影像层中多了一个影像图层 ccTreeTemplate。ccTreeTemplate 中的像素值是对应 Layer 2 上的像素与模板文件 Tree.tif 的匹配度值（图 2-2）。

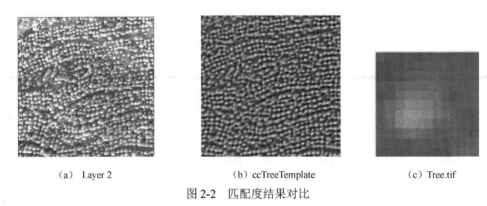

（a）Layer 2　　　　　　　（b）ccTreeTemplate　　　　　　　（c）Tree.tif

图 2-2　匹配度结果对比

把鼠标放在 ccTreeTemplate 上，对应的位置会显示相应的介于–1 到 1 之间的值，越靠近树冠中心的位置匹配度值越高，这些值就是提取单棵树的依据。

2.1.2　信息提取

选择 chessboard segmentation 棋盘分割算法，得到单个像素的图斑信息（图 2-3）。

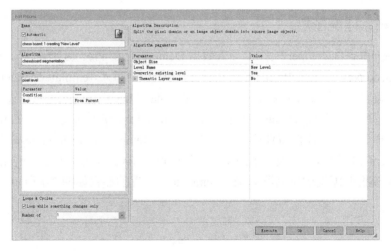

图 2-3　棋盘分割设置

ccTreeTemplate 影像层上，树冠中心点的值大于 0.5，这个值可以作为提取单棵树的临界值。再一次调用"template matching"模板匹配算法，在 Threshold 阈值中输入 0.5；Thematic Layer 中存储提取的目标点信息，这里存储的是模板影像层上灰度值大于 0.5 的树木点，这里定义一个名称 Mytrees。具体设置如图 2-4 所示。

执行后，可以在专题图层信息里找到提取的树木点信息（图 2-5）。如果阈值 0.5 有漏掉的树木，可以将阈值降低为 0.45，再执行 template matching 算法。

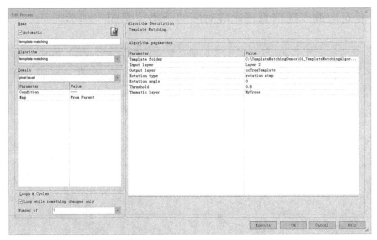

图 2-4　Algorithm 参数设置

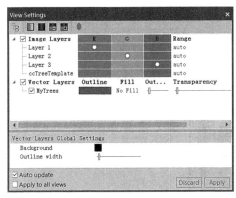

（a）专题图层

（b）树木

图 2-5　专题图层提取结果（树木）

如果想把提取的树木信息专题导出来，可以通过分类的方式将专题信息点对应的位置分为具体的树木类，然后将相应的属性信息导出。

选择 assign class by thematic layer 专题分类算法，算法参数设置如图 2-6 所示。

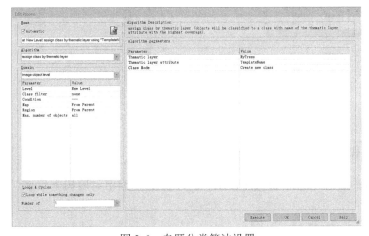

图 2-6　专题分类算法设置

执行之后，将对应的专题信息转化成对应的分类信息图（图 2-7）。

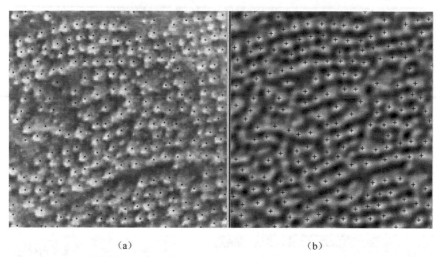

（a）　　　　　　　　　　　　　　　　（b）

图 2-7　专题算法设置分类结果

可以通过 Image Object Table 选择相应的属性信息，查看每棵树木的情况（图 2-8）。

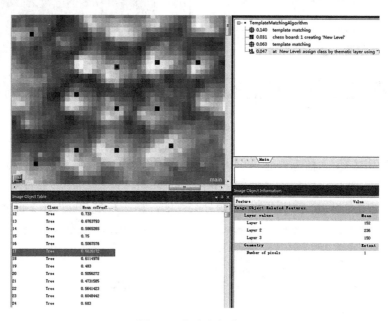

图 2-8　查看分类结果

2.1.3　信息输出

输出单棵树的信息，选择 export vector layer 算法，输出对应树木信息（图 2-9）。

图 2-9 单棵树信息输出

以上是通过已经建好的样本模板去进行信息提取的流程，接下来介绍如何创建样本模板。

2.2 模板编辑工作流程

本节主要讲解如何创建样本模板，首先介绍要用到的数据，在 02_TemplateEditorWorkflow → Images 文件夹里有两个影像数据，这两个影像数据里的树木明显是有些不同的。

2.2.1 导入数据

首先通过 Load image file 导入第一景图像 DemoA.tif，之后通过 Modify open project → Maps → Add new Map 将第二景图像导入新图层中，命名为 scene2（图 2-10）。

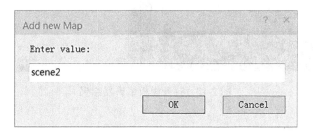

图 2-10 导入数据

现在可以在菜单里看到两个地图图层：main 和 scene2。

选择 main 地图，并在工具条空白处右键单击，选择 Template Editor 模板编辑器（图 2-11）。

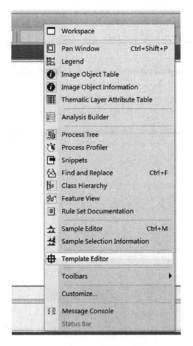

图 2-11　打开模板编辑器

打开后如图 2-12 所示。

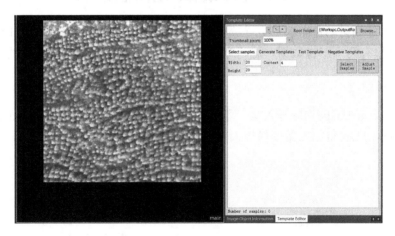

图 2-12　打开模板编辑器结果

2.2.2　选择样本

在 Template Editor 编辑器窗口选择 Create new template，给将要创建的模板命名为 tree（图 2-13）。

在 Root Folder 中选择将要存储的文件夹位置，这里可选择在...\02_TemplateEditor Workflow\Templates 文件夹下。利用 Select Samples 选择样本数据。将鼠标点到相应树冠的中心点位置，选择相应的样本，重复操作，直到选择完成所需要的全部样本。在 Select Samples

下有可以控制样本大小的控件，Width 控制样本模板的宽度，Height 控制样本模板的高度，Context 控制样本周围参考背景的大小（图 2-14）。

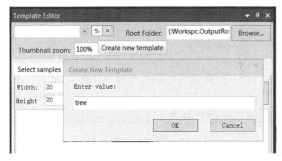

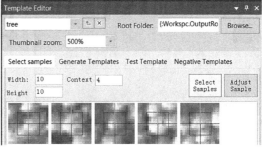

图 2-13 模板编辑器命名　　　　　　　　图 2-14 控制样本大小设置

同样切换到地图 scene2 下，选择相应的样本。如果选择的样本位置不对，可以用 Adjust Sample 调整样本位置。鼠标左键单击样本，右键选择可以改变样本的方向。也可以通过鼠标右键选择删除样本。改变样本，可以左键选择样本后，在图像上选择要改变的位置。红色方框区域为样本区域，绿线表示样本的定向[①]（图 2-15）。

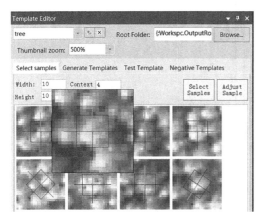

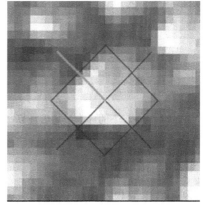

图 2-15 控制样本调整

2.2.3 创建样本模板

切换到 Generate Templates，从 Layer 下拉菜单里选择要创建模板的影像图层。窗口左下角显示当前模板与选择的所有样本的相关程度值，值越大，模板创建得越好。不同影像层对应的样本相关度值是不一样的，选择值大的图像层作为样本图层。Layer2 的样本相关度值最大，Sample correlation 是 0.739。选择相应的图层，单击 Generate Template 按钮，相对应的样本模板将根据图像层的名字、模板类单独保存（图 2-16）。

Type 类型里 mean 是最简单的，计算所有样本的平均值（图 2-17）。

---

① 可在 https://github.com/guotao0628/eCognition-Book 浏览并下载本书所有彩图。

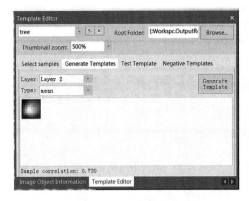

图 2-16　模板保存设置

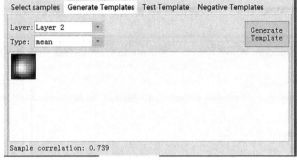

图 2-17　样本平均值计算

　　模板类型 with mask，是计算样本的平均值，只不过对于样本和模板之间的相关性没有积极贡献的像素区域将被忽略，被忽略区域以红色标识（图 2-18）。

　　选择 grouped 这个类型，系统会根据样本的情况，以及设置的样本类型数创建几个不同的样本模板，可用于样本有多种情形的情况。在 Group 中设置样本模板数（图 2-19）。

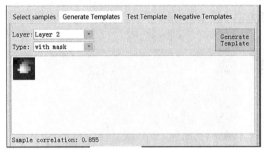

图 2-18　mask 下的样本平均值计算

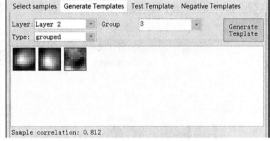

图 2-19　多 group 样本模板设置

2.2.4　样本模板测试

　　可以利用样本模板测试创建的样本模板的可用性，评估样本模板执行的正确及错误率。通过更正测试区域结果的方法优化样本模板。

　　切换到 Test Template，Layer 选择 Layer 2，选择 Select Region，用鼠标在图像上拉选出一个区域，单击 Execute Test 执行，可以看到在右下方 Missed Target Rate 中为 0.0%，这是由于设置的 Threshold 值太高（图 2-20）。

　　测试参数（Test Parameters）说明：

　　Ground truth：通过设置可以控制已选择的候选目标与样本的匹配的精确度在什么范围（像素）下才认为是正确的，设置的值越高，候选目标越多。

　　Threshold：候选目标与样本模板匹配的相关阈值。

　　Rot.：旋转步骤参数，定义模板应用的方向，例如，如果设置为 30，意味着模板将会分别被旋转 30°、60°、90°、120° 应用。设置的数越小，处理时间越长。

　　重新设置 Threshold 值，让这个值接近 Layer2 上的相关值 0.739，这里可以设置 0.7，观察测试情况（图 2-21）。

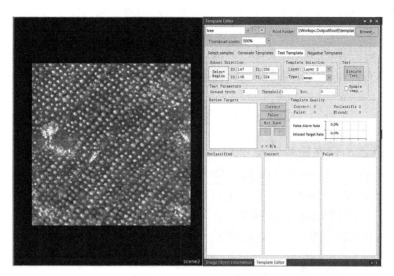

图 2-20 测试参数设置

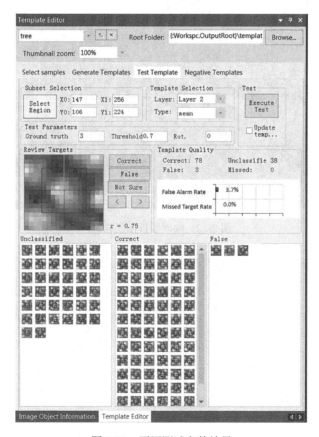

图 2-21 不同测试参数结果

通过将 Unclassified 区域的值进行归类，可以测试当前模板的正确率。如果勾选了 Update template，在测试之前，当前的样本模板将会基于当前判断正确的样本（Correct 里的样本也会参与计算）重新创建。

调整阈值，看看样本模板的变化，测试几个区域，测试区域内的错误率和遗漏率均比较低的时候，可以考虑作为最终样本模板。样本模板将被自动保存在之前设定的文件夹里。

2.3　临时模板图层创建

本节主要讲述如何在模板匹配里利用临时影像层（temp layers）。首先打开工程文件...\03_TemporaryLayerTemplates\Project\ Demo_Before.dpr，在 view→windows 里打开模板匹配编辑工具"Template Editor"，可以看到已经选好的井盖的一些样本数据（图 2-22）。可以看到样本数据在真彩色图像的表现难以区分，因为有些阴影或者遮挡物的遮盖，单纯依靠光谱波段数据，区分比较困难。这个时候可以利用地物形状特征或者其他特征来区分。

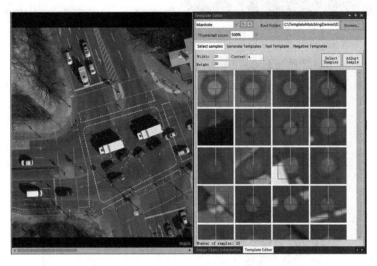

图 2-22　临时模板图层打开

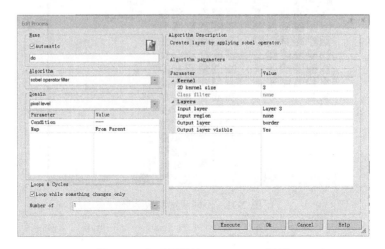

图 2-23　临时模板的 Edit Process 设置

这里的井盖是很规整的圆形地物，可以利用边缘检测算法，检测出当前影像的边缘信息，用于后面的井盖提取。在 Process Tree 里单击打开 sobel operator filter 算法，在第三波段井盖与周围地物对比比较明显，选择 Layer 3 作为边缘检测的波段，输出的图像波段名称定义为 border，然后执行，具体设置如图 2-23 所示。

执行完之后，打开 border 波段层，可以看到图像里包含的是地物边缘的主要信息（图 2-24）。

图 2-24　查看图像地物边缘信息

利用 Template Editor→Generate Templates，在 Layer 中调用 border 影像层创建模板。之后可以按照 2.2 节的流程进行相关操作。

说明：索贝尔算子（Sobel operator filter）算法，主要用于计算机图像和计算机视觉，是一离散性差分算子，用来运算图像亮度函数的灰度的近似值，用于获得数字图像的一阶梯度，特别是边缘检测，它可以增强图像边缘信息。该算子包含两组 3×3 的矩阵，与图像作平面卷积，即可分别得到横向及纵向的亮度差分近似值，检测出水平边缘及垂直边缘。该算子对像素的位置影响做了加权，可以降低边缘模糊程度，效果较好；但是并没有将图像主题与背景严格区分开，换言之没有基于图像灰度进行处理。

Sobel 卷积因子如图 2-25 所示。

−1	0	+1
−2	0	+2
−1	0	+1

Gx

+1	+2	+1
0	0	0
−1	−2	−1

Gy

图 2-25　Sobel 卷积因子

2.4　模板匹配组的创建

本节主要介绍如何利用 Template Editor 创建一组模板。创建样本模板组全面考虑不同情况下的样本状况，描述不同形态下的样本模型，主要目的是提高样本模板的置信度。

打开…\01.TemplateMatchingDemos-模板匹配\04_GeneratingTemplateGroups\Project\Demo_After.dpr 工程文件。打开 Template Editor 编辑窗口。这里已经建好了 PalmTrees 的模板文件并保存在…\01.TemplateMatchingDemos-模板匹配\04_GeneratingTemplateGroups\Templates 文件目录下。下面在图像上选择样本数据。

棕榈树单棵树的面积比较大，可以将样本数据的范围（Width，Height）调大一些，这里调整为（80，80）（图 2-26）。

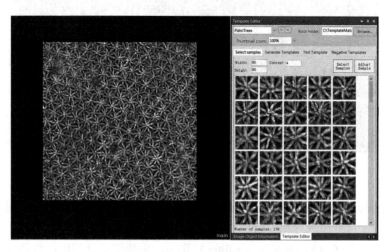

图 2-26　样本范围设置

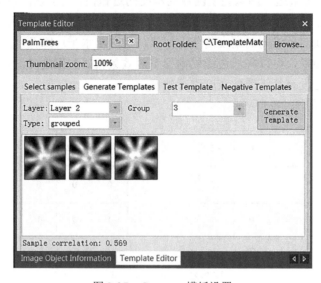

图 2-27　Generate 模板设置

样本选择完成后，在 Generate Templates→Type 选择 grouped，Group 设置为 3，创建一组具有三种不同模型的模板。改变 Group 的数量，观察样本相关性（Sample correlation）的变化（图 2-27）。之后可以按照 2.2 节的方法进行样本模板的测试。

2.5 使用模板匹配组

本节主要讲述如何使用模板匹配组进行目标点的提取。打开...\01.TemplateMatching Demos-模板匹配\05_UsingTemplateGroups\Images 中的 Demo 数据 Demo.tif，从这个数据里提取井盖的信息。在文件夹...\01.TemplateMatchingDemos-模板匹配\05_UsingTemplateGroups\ Templates 里，可以看到里面有已经建好的一组样本模板（图 2-28）。

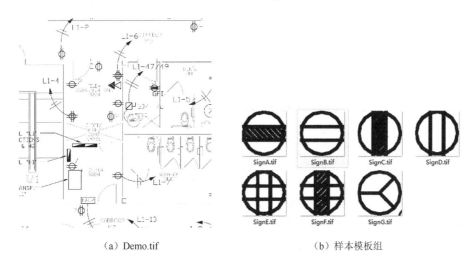

| （a）Demo.tif | （b）样本模板组 |

图 2-28 Demo 与样本模板组

2.5.1 创建专题信息

在 Process Tree 里，右键单击空白处，选择 Append New。在弹出来的 Edit Process 编辑框里写入 TemplateMatchingAlgorithm，单击 Ok 按钮确定。右键单击已经建好的进程 TemplateMatchingAlgorithm，选择 insert child 插入子进程，在算法选择 Algorithm 中选择 template matching 模板匹配算法，在 Template folder 中选择要用到的模板文件所在文件夹位置...\01.TemplateMatchingDemos-模板匹配\05_UsingTemplateGroups\Templates，在 Input layer 中选择要处理的影像数据 Demo.tif 的唯一波段 Layer 1，在 Output layer 中输入根据 Layer1 根模板文件组（SignA\SignB\SignC\SignD\SignE\SignF\SignG）建立的模板匹配度图层名称 ccSigns，Threshold 设置大的阈值 0.9，因为这里的模板相关性很高，这样可以保证找寻的结果和模板具有比较高的匹配程度，输出的专题名称 Thematic layer 设置为 mySigns。参数设置如图 2-29 所示。

图 2-29　创建专题信息

单击 Execute 按钮执行。可以看到在影像层里多了一个影像图层 ccSigns。ccSigns 里的像素值是对应 Layer1 上的像素与模板文件 Demo.tif 的匹配度值（图 2-30）。

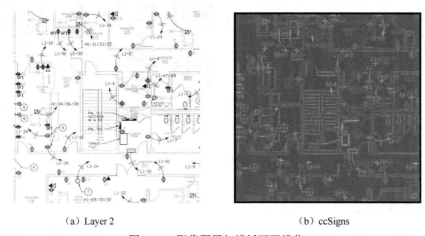

<table>
<tr><td>（a）Layer 2</td><td>（b）ccSigns</td></tr>
</table>

图 2-30　影像图层与模板匹配操作

把鼠标放在 ccSigns 上，对应的位置会显示相应的介于–1 到 1 之间的值。

通过窗口专题快捷工具 打开专题层，可以看到根据设置的阈值 0.9 提取的目标专题信息分布图 2-31（a）。打开 专题属性按钮，可以看到每个目标位置对应的模板匹配类型及模板 ID 会记录下来，如图 2-31（b）所示。

2.5.2　专题信息提取

选择 chessboard segmentation 棋盘分割算法，分类专题信息点，设置 Object Size 为大于图像大小的值。Thematic Layer usage 中选择 Yes，让 mySigns 参与分割（图 2-32）。

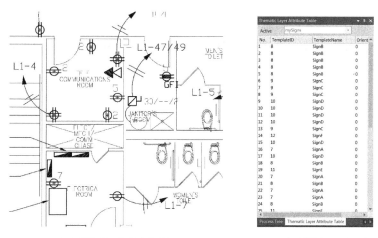

（a）专题信息（红色十字丝） （b）专题模板匹配类型表

图 2-31 匹配结果查看

图 2-32 棋盘分割设置

然后利用 assign class by thematic layer 算法利用专题 MySigns 里的 TemplateName 属性字段进行分类（图 2-33）。

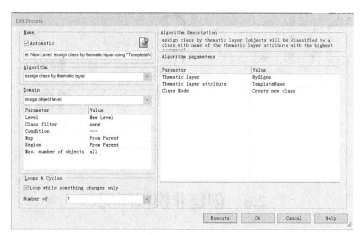

图 2-33 Edit Process 设置（一）

执行之后,将对应的专题信息转化成对应专题的分类信息。

提取的目标点是单个像素点,可以通过区域增长算法 pixel-based object resizing 来对目标点进行增长(图 2-34)。

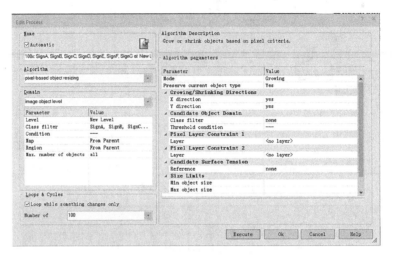

图 2-34 Edit Process 设置(二)

2.5.3 专题信息输出

输出专题分类的信息,选择 export vector layer 算法,输出对应专题信息(图 2-35)。

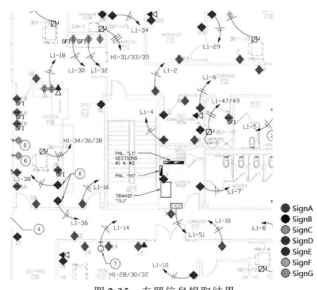

图 2-35 专题信息提取结果

2.6 创建非模板匹配

本节主要讲解怎样利用 Template Editor 创建非模板匹配(Negative Templates)。创建非模板匹配的意义在于寻找不感兴趣的样本点。

打 开 数 据 ...\01.TemplateMatchingDemos- 模 板 匹 配 \06_GeneratingNegativeTemplates\Project\Demo_Before.dpr。打开 Template Editor 窗口，在窗口里已经选择了一些关注的 ✚ 样本（图 2-36）。

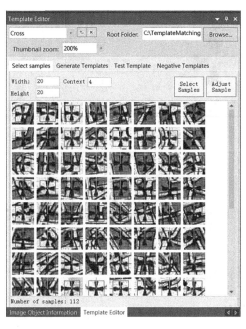

图 2-36　模板样式设置

下面根据已选择的样本创建匹配模型，分别选择 Layer 1、Layer 2、Layer 3 影像层创建样本匹配模板，观察创建的样本模板的样本相关性值。Layer 1 的样本相关性值最大（图 2-37）。

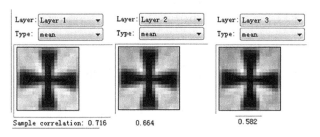

图 2-37　样本相关性分析

利用 Layer 1 的样本模板进行目标检测测试，如图 2-38 所示。

在最下面的目标点可视窗口里，可以看到有 Unclassified、Correct、False 三个不同的类别，Correct 中是用于创建模板匹配的备选样本点，False 中是创建非模板匹配的样本点。可通过降低阈值（Threshold）或者增大测试区域来获取尽可能多的非样本点。

选择 Negative Templates 就可以根据 False 里的样本点进行非模板匹配的创建（图 2-39）。

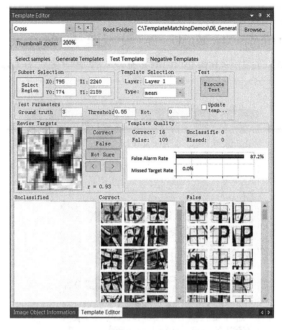

图 2-38　目标检测测试

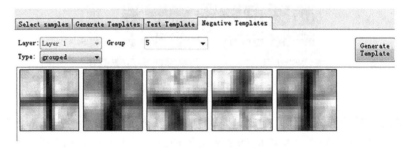

图 2-39　Negative 模板设置

注意：每次改变样本匹配模板的时候，需要重新计算非样本匹配模板。

2.7　非模板匹配的使用

本节主要介绍如何利用非模板匹配进行目标点提取，非模板匹配主要利用 2.6 节创建的非模板匹配组。

2.7.1　提取目标点

首先在 Process Tree 里利用样本模板进行目标点提取。打开 template matching 算法，在 Template folder 里选择...\01.TemplateMatchingDemos-模板匹配\07_UsingNegativeTemplates\ Templates\Cross\Layer 1_Group0 的样本模板。Input layer 选择 Layer 1，Output layer 中输入 ccCross，Threshold 设置为 0.55，Thematic layer 设置为 MyCrosses（图 2-40）。

执行之后可以看到提取的目标点里除了目标信息还包含其他非目标信息（图 2-41）。

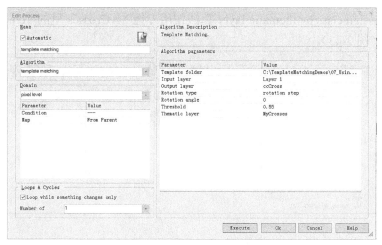

图 2-40　Edit Process 设置

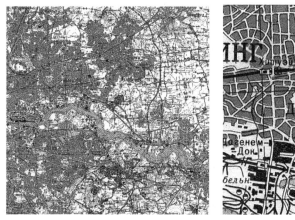

图 2-41　目标提取

接下来选择 chessboard segmentation 棋盘分割算法，分类专题信息点，设置 Object Size 为大于图像大小的值。Thematic Layer usage 选择 Yes，让 MyCrosses 参与分割（图 2-42）。

图 2-42　棋盘分割设置

然后利用 assign class by thematic layer 算法使用专题 MyCrosses 里的 TemplateName 属性字段进行分类（图 2-43）。

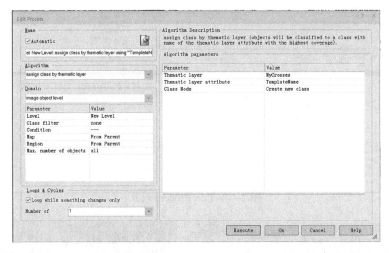

图 2-43　模板算法参数设置

2.7.2　排除错误的目标点

利用非模板匹配排除分错的目标点。

同样打开 template matching 算法，在 Template folder 中选择...\01.TemplateMatchingDemos-模板匹配\07_UsingNegativeTemplates\Templates\Cross\Layer1_Group0\negative_Group5 的样本模板。Input layer 选择 Layer 1，Output layer 输入 ccNegative，先不创建专题，所以其他按默认设置执行。观察创建的 ccCross 和 ccNegative 两个图像层的不同。ccCross 比 ccNegative 有更多的信息（图 2-44）。

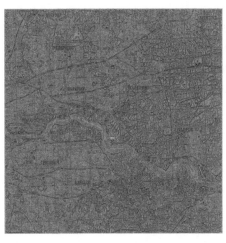 

（a）ccCross　　　　　　　　　　　　（b）ccNegative

图 2-44　图层信息对比

　　这两个图像层之间的差异是所需要的，接下来利用波段计算方法计算两个图像层的差异值。在 Process Tree 里打开 layer arithmetics 算法，在 Output Value 里输入 ccCross-ccNegative。在 Output layer 输入 discrimination，Output layer 选择 32 bit float 执行算法。

　　点击 打开 Image Object Table，查看提取的目标点地类，ccCross、discrimination 波段均值之间的关系。通过观察可以看到在样本点146，discrimination 波段均值小于 0.01787739992 的时候，提取的目标点不是目标点（图 2-45）。

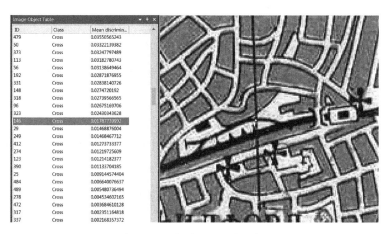

图 2-45　查看提取信息属性

　　所以接下来利用 assign class 算法将目标点中 discrimination 波段均值小于 0.01787739992 的目标点剔除（图 2-46）。

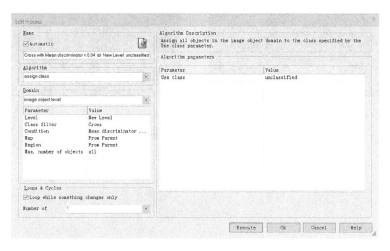

图 2-46　剔除非目标点

　　将剔除错误目标的目标点转换成专题信息，用到的算法为 convert image objects to vector objects，具体设置如图 2-47 所示。

图 2-47　提出错误目标设置

执行之后在专题信息中新创建了一个专题层 converted_objects。打开专题层观察执行之后与之前提取的目标点的不同（图 2-48）。

（a）MyCrosses 专题点（红点）

（b）converted_objects 专题点（绿点）

图 2-48　结果展示

第3章　点云数据分析

激光点云也称为点云（point cloud），是利用激光在同一空间参考系下获取物体表面每个采样点的空间坐标，得到的一系列表达目标空间分布和目标表面特性的海量点的集合。点云的属性包括空间分辨率、点位精度、表面法向量等。

根据激光丈量原理得到的点云，包括三维坐标（XYZ）和激光反射强度（intensity）；根据摄影丈量原理得到的点云，包括三维坐标（XYZ）和颜色信息（RGB）；结合激光丈量和摄影丈量原理得到点云，包括三维坐标（XYZ）、激光反射强度（intensity）和颜色信息（RGB）。

点云数据的获取方式主要有车载激光、机载激光及地面激光扫描。地面激光扫描、机载激光扫描相对较成熟，车载激光扫描系统国内还在不断改进完善中。不同激光点云数据获取方式各有其优缺点。

除了强度、高度、位置信息外，根据点云数据也可以计算统计一些点云的其他延伸特征，如回波数量、回波次数、点云数量等。这些特征和属性都是利用点云数据做解译分析要用到的重要参考。

本章主要介绍两方面内容：①如何从点云数据里提取特征属性；②如何利用点云特征属性与图像信息进行地表综合解译分析。

3.1　激光点云文件输出

本节主要介绍内容：①导入点云数据，利用算法对点云数据缺失部分进行修复；②计算获取点云数据的高程信息；③利用高程信息进行分类及导出分类后的点云数据。

3.1.1　导入.las 点云数据

打开文件夹...\02.Point_Cloud_Analysis\1_LiDAR File Export Example，双击 LiDAR_unclass.las 点云数据。打开 Window→Split 菜单，打开双窗口显示；在左窗口显示点云二维图像层，左键单击工具条按钮 ◆ 打开点云显示方式（图 3-1）。

图 3-1　点云显示方式

点云操作模式如表 3-1 所示。

表 3-1   点云操作模式

操作模式	功能描述
鼠标左键	可以对点云数据进行放大或者缩小，最好在接近点云数据想看点云细节的时候用
鼠标右键	用于对点云数据绕点旋转
鼠标滚轮	快速放缩小点云数据
左键和右键同时	移动点云数据

点云可视化工具及显示方式设置如图 3-2 所示。

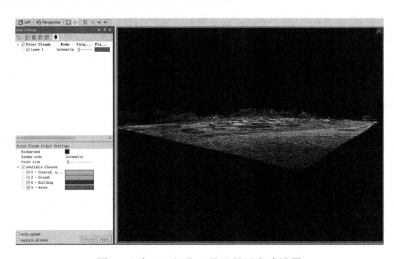

图 3-2   点云可视化工具及显示方式设置

表 3-2   渲染方式

序号	渲染方式
1	RGB
2	强度
3	类别和强度
4	类别和 RGB

点云（Point Clouds）：选择显示的点云数据。

渲染方式（Render mode）如表 3-2 所示。类别的颜色可以更改，也可以设置为无色。

点大小（Point size）：点直观显示大小，小→中→大→特大。

3.1.2   高程信息提取

高程信息是分类用到的重要信息，它弥补了二维空间的不足。加入空间高度信息可以区分二维空间无法分开的地物，如道路与房屋。

从点云数据提取高程信息，主要用到 rasterize point cloud 算法，通过这个算法可以从点云数据里提取高程、强度、回波、点云数量及回波数量等，这些信息将作为新增加的图层加入到工程里。

在 Process Tree 里打开算法 rasterize point cloud，具体设置如下：Point cloud 选择 Layer 1，在输出的点云属性（Point field）选择高程（Z coordinate），成果模式（Operation）选择最小（Minimum）；核大小（Kernel size）设置为 1；输出（Output）的高程波段名称（Layer name）

设置为 ElevationMin（图 3-3）。

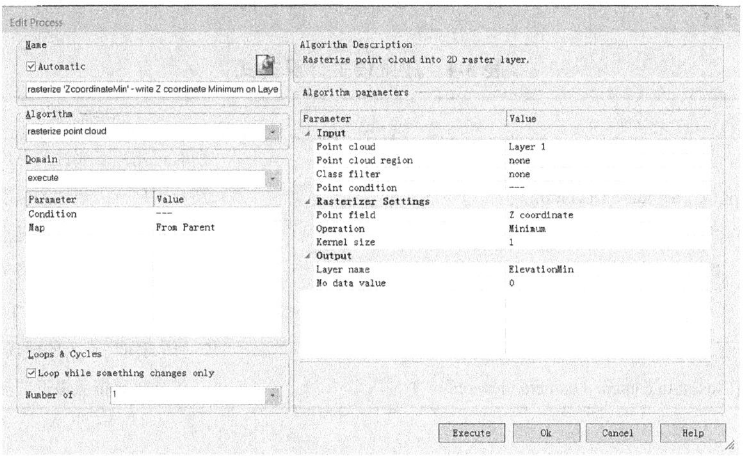

图 3-3　rasterize point cloud 算法对话框

Input（Point cloud）：选择要用到的点云数据。

点云属性（Point field）：定义新生成的图层信息，如表 3-3 所示。

表 3-3　点云属性

名称	功能描述
强度（Intensity）	点云强度值
X coordinate	每个点的 X 坐标值
Y coordinate	每个点的 Y 坐标值
Z coordinate	点云高程值
回波数量（Return number）	指定输出脉冲的脉冲回波数量
回波总数（Number of returns）	指定脉冲的所有回波数量
分类标志（Classification flags）	用于指示与点关联的特殊特征（0 合成点，1 关键点，2 重叠点）
扫描通道（Scanner channel）	用于指示多通道系统的通道（扫描器头），通道 0 用于单扫描系统
扫描方向标志（Scan direction flag）	表示扫描镜在输出脉冲时的移动方向（1 为正扫描方向，0 为负扫描方向）
飞行线边缘（Edge of flight line）	改变方向前给定扫描线的最后点。当点位于扫描结束位置时，值为 1
分类（Classification）	存储在点云里的类别信息
用户数据（User data）	此字段用户自定义使用
扫描角度（Scan angle）	表示发射的激光脉冲相对于数据坐标系统垂直方向的旋转位置
点源 ID（Point source ID）	表示点的起源文件
GPS 时间（GPS time）	采集点云的时间标签
红（Red）	与点云关联的红色影像通道
绿（Green）	与点云关联的绿色影像通道
蓝（Blue）	与点云关联的蓝色影像通道
点云数量（Number of points）	映射到像素的点云数量

成果模式（Operation）：成果数据将会以一个固定的空间分辨率插值成二维数据，一个像元里包括了几个激光点云属性值。计算模式规定了成果像元值的计算方式（表 3-4）。

表 3-4　成果模式计算方式

名称	功能描述
平均值（Average）	所有可用点云属性的平均值
标准差（Standard Deviation）	所有可用点云属性的标准差
最小值（Minimum）	所有可用点云属性的最小值
最大值（Maximum）	所有可用点云属性的最大值
中值（Median）	所有可用点云数据的中值
模式（Mode）	所有可用点云的模式
与相机最近的[Closest to camera（camera view only）]	仅计算离镜头最近的点

执行算法得到回波点对应的高程信息。执行后得到的高程图层信息如图 3-4 所示。

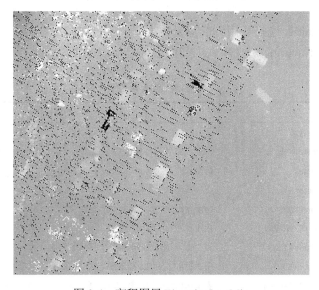

图 3-4　高程图层 ElevationLastMin

3.1.3　无值区域修复

观察生成的高程波段 ElevationMin，里面有许多黑色的无值区域，表明这些区域信息是缺失的，可以通过插值计算的方式对无值区域进行修复。

首先利用多阈值分割算法 multi-threshold segmentation，将无值区域及有值区域进行分类。多阈值分割算法是快速分割分类的算法，通过已知的分类阈值直接对图像进行切割分类。

multi-threshold segmentation 算法设置：Image Layer 选择之前生成的高程图层 ElevationMin，最小对象大小（Min object size）设置为 1，将小于等于 0 的图像区域（Class 1）定义为 empty area，大于 0 的图像区域（Class 2）定义为 value 类别（图 3-5）。分类结果如图 3-6 所示。

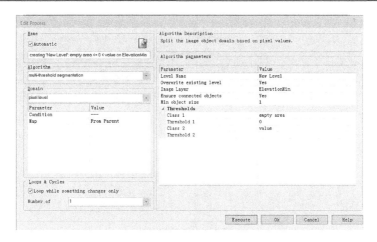

图 3-5　Edit Process 设置

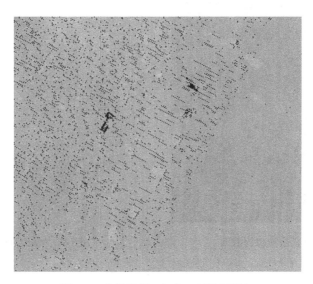

图 3-6　分类结果（红色：无值区域）

利用 fill pixel values 算法对无值区域进行修复。fill pixel values 算法主要通过相邻图斑像素的插值计算利用已有的栅格数据填补无值区域，使用这个算法之前，必须要对图像进行分类，算法设置如图 3-7 所示。

执行后，高程图层修复结果见图 3-8。

类别筛选（Class filter）：具有像素值的图斑地类。

计算模式（Calculation Mode）：逆距离权重（Inverse Distance Weighting）和双线性内插（Bi-linear Interpolation）。逆距离权重是对采样点进行线性加权来决定输出的栅格值。加权与距离成反比，输入点离输出栅格越远，它对输出栅格的影响越小。

IDW Distance Weight：逆距离权重幂指数。幂指数是一个正实数，默认值为 2。通过定义更高的幂值，可进一步强调最近点。因此，邻近数据将受到最大影响，表面会变得更加详细（更不平滑）。随着幂数的增大，内插值将逐渐接近最近采样点的值。指定较小的幂值将对距离较远的周围点产生更大影响，从而导致更加平滑的表面。

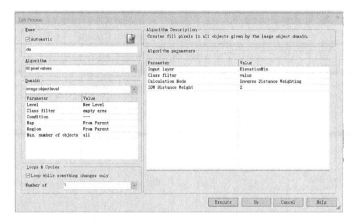

图 3-7　算法设置

图 3-8　修复后的高程数据

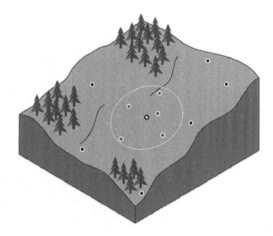

图 3-9　被选点的逆距离权重邻域

因为反距离权重公式与任何实际物理过程都不关联，所以无法确定特定幂值是否过大。作为常规准则，认为值为 30 的幂是超大幂，因此不建议使用。此外，还需牢记一点，如果距离或幂值较大，则可能生成错误结果（图 3-9）。

高程图层内插修复后，用 delete image object level 删除中间的分类图层 Level1。

3.1.4　提取高度区域

1）高程变化边界提取

首先利用最大最小值滤波算法"pixel min/max filter（prototype）"对高程图层进行滤波，消除高程的椒盐斑点，突出边高程变化大的边界信息。

打开算法 pixel min/max filter（prototype），滤波窗口大小（2D kernel size）选择 3，输入处理图层（Input layer）为 ElevationMin，输出图层（Output layer）设置名称为 elevation differences。具体设置如图 3-10 所示。

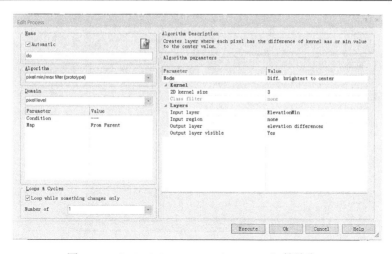

图 3-10　pixel min/max filter　（prototype）算法窗口

滤波前后高程图层数据对比如图 3-11 所示。

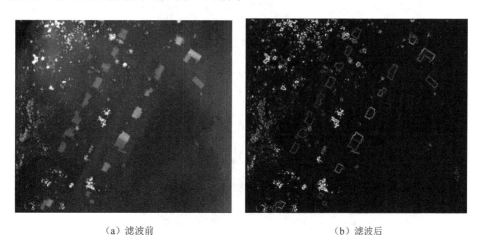

（a）滤波前　　　　　　　　　　　　　　　　（b）滤波后

图 3-11　滤波前后对比

滤波后有高程变化的边缘地区被突出显示出来，这也是将要提取的具有高度信息地物的图斑外边界信息。

高度变化大的区域灰度值大于 1.5，变化不大的区域灰度值大于 1，没有明显变化的区域小于 1。利用 multi-threshold segmentation 算法将 elevation differences 图像灰度值大于 1.5 的区域（class 3）归类为 strong elevation edges，将剩下的灰度值大于 1 的区域（class 2）归类为 weak elevation edges。具体设置如图 3-12 所示。

高程变化边界区域提取的结果如图 3-13 所示。

利用 pixel-based object resizing 算法合并 strong elevation edges 对象及与之相邻的 weak elevation edges。设置如图 3-14 所示。

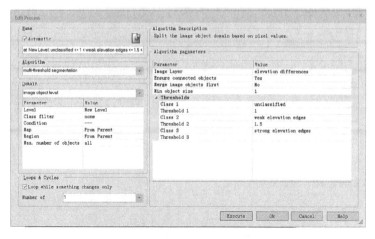

图 3-12　Edit Process 参数设置

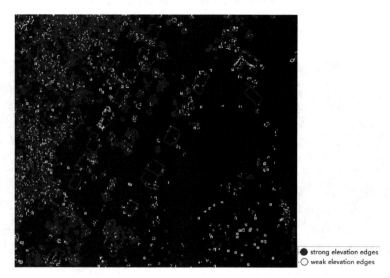

图 3-13　高程变化边界

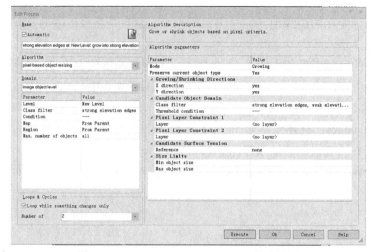

图 3-14　pixel-based object resizing 算法设置

利用 assign class 算法，将 weak elevation edges 归为未分类。设置如图 3-15 所示。

利用 merge region 算法分别合并 unclassified 和 strong elevation edges。

2）识别高度区域

具有一定高度的图斑外接边界为高度较低的区域，因此外接边界均值较低；而低值区域外接边界为高值区域，因此一般外接边界均值较高。

利用图斑高度信息减去图斑外接边界信息，可以增大高低区域对比。主要利用高程图层均值（Mean）–外接边界均值（Mean of outer border）的特征提取高度区域。这个特征为自定义特征，在 Customizde→Create new 'Arithmetic Feature'，具体自定义特征设置如图 3-16 所示。图 3-16 中的表达式为[Mean ElevationMin]-[Mean of outer border ElevationMin]。其结果如图 3-17 所示。

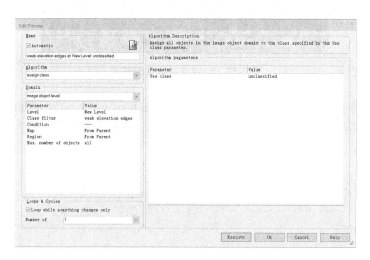

图 3-15　assign class 算法设置

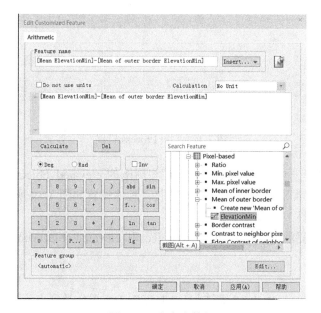

图 3-16　自定义特征

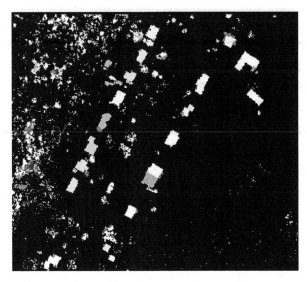

图 3-17　自定义特征计算结果

具有高度信息的地物在[Mean ElevationMin]–[Mean of outer border ElevationMin]特征值灰度图像上位于高值区域部分。阈值大于 0.1，用 assign class 算法分类有高度的图斑为 elevated object 类别。具体设置如图 3-18 所示。

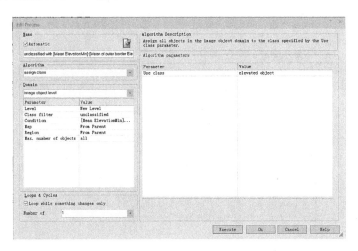

图 3-18　Edit Process 设置

执行后植被之间有一些植被是漏掉的，它与周围的 elevated object 类别差异较大，可以利用与 elevated object 类别的差异性来进行提取。具体设置如图 3-19 所示。

执行后的结果如图 3-20 所示。

利用 merge class 算法分别合并 elevated object 和 elevated object+unclassified 地类。

3.1.5　点云分类

利用 assign class to point cloud 算法将 unclassified 地类分类到点云数据里，并定义输出的 unclassified 类别为 2-Ground。具体输出设置如图 3-21 所示。

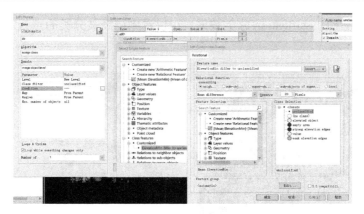

图 3-19　算法具体设置

图 3-20　算法执行结果

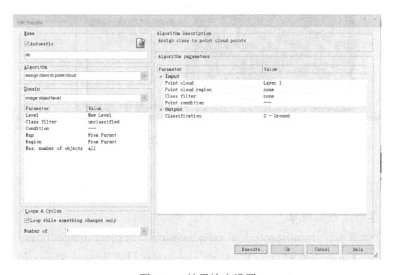

图 3-21　结果输出设置

执行后打开点云 Classification 分类数据，可以看到已经被分类的点云，分类前后结果对比分析如图 3-22 所示。

（a）未分类点云　　　　　　　　　　（b）带有地面地类的点云

图 3-22　结果对比分析

3.2　多源数据分析

3.2.1　打开数据

打开文件夹 ...\02　Point_Cloud_Analysis\2_Combining_PointClouds_and_Images\Trimble Harrier 56 Data，从 ImageData 中打开 Ortho_5328700_3557900.tif；同时从 HeightData 文件夹中打开对应的点云数据 LiDAR_5328700_3557900.las（图 3-23）。

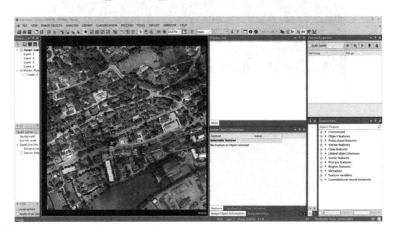

图 3-23　打开实验数据

3.2.2　提取具有高度的植被

1）利用影像创建图斑对象

打开多尺度分割算法 multiresolution segmentation，分别在 Image Layer weights 里设置 Layer 1、Layer 2、Layer 3 的权重为 1，Scale parameter 设置为 50，Shape 和 Compactness 分别设置为 0.1 和 0.5。因为这里要分割房屋，形状考虑比较多，所以设置形状因子为 0.5。具

体设置如图 3-24 所示。

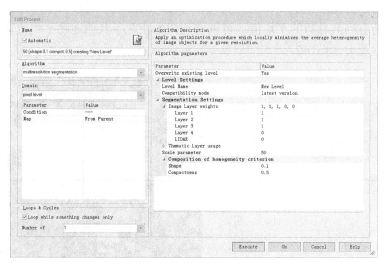

图 3-24　多尺度分割算法设置

执行之后，分割结果保存在 Main level 层里，如图 3-25 所示。

图 3-25　分割结果

2）点云数据特征计算

激光点云数据发射到地面地物，地物都会有相应的反射回波，有一些结构复杂的地物被照射后会发生多次折射与反射，如树木。地面和平顶房屋绝大多数发射光波都被反射出去，只有一次回波发射。具体可以从点云发射回波的数量看出不同地物在接收反射回波时的不同情况。树木类地物经过多次发射回波，图斑的点云个数会高于其他地物获取的点云个数。

在特征窗口 Feature View 里打开 Object features，里面有点云特征 Point cloud→Return number，点击创建新 Return number 窗口，统计图斑所有点云回波的均值，在 Point cloud 里选择点云波段对应的图层 LIDAR，其他默认。具体设置如图 3-26 所示。这样做的目的是统计对应图斑上所有回波总数的平均值。可以看到树木相对于其他地物平均值较高，这是因为树木经过了多次反射（图 3-27）。

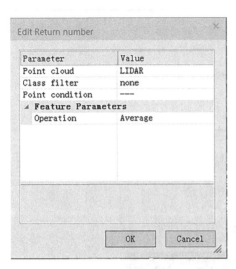

图 3-26　特征窗口设置

图 3-27　所有回波总数的平均值

3）点云特征应用

从"所有回波总数的平均值（with Return number Average）"特征可以看出，树木在处于特征的高值区间，特征阈值大于 1.1。可以利用该特征初次提取树木类地物。

利用 assign class，将"所有回波总数的平均值（with Return number Average）"大于 1.1 的定义为 elevated Vegetation 类别。具体设置如图 3-28 所示。

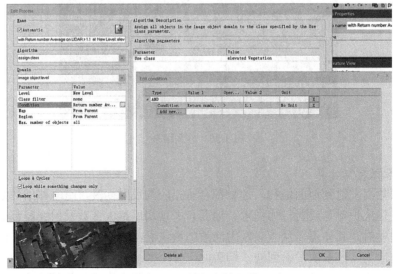

图 3-28　特征参数设置

分类结果如图 3-29 所示。

图 3-29　分类结果

提取的类别里包含一部分非植被地类，这些地类可以利用绿波段光谱特征加以区分（图 3-30～图 3-32）。

图 3-30　提取结果区分

绿波段光谱比率 Ratio Green 自定义特征计算表达式：[Mean green]/（[Mean bule]+[Mean green]+[Mean red]）。

利用 assign class 将 elevated Vegetation 中特征 Ratio Green 小于 0.35 的定义为未分类。具体设置如图 3-33 所示。

执行以上进程，可以排除非植被区域的影响，但是同时由于仅用了绿波段计算，缺少重要的近红外波段，有部分植被信息也被删除，这个时候需要找回丢掉的植被信息。这些植被通常临近已分类的 elevated Vegetation 类别，且"所有回波总数的平均值（with Return number Average）"大于 1.1。利用这个特征经过多次循环就可以将满足条件的所有植被类找回（图 3-34）。

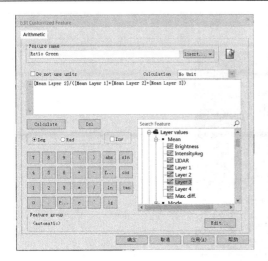

图 3-31　特征自定义设置

图 3-32　绿波段光谱比率 Ratio Green

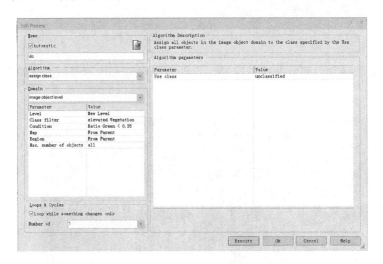

图 3-33　assign class 算法设置

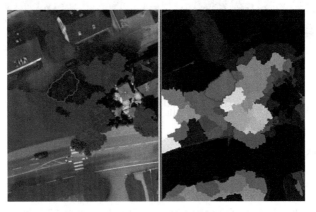

图 3-34　找回丢掉的植被信息

利用 assign class 将与类别 elevated Vegetation 相邻且公共边比率大于 50%且"所有回波总数的平均值（Return number Border Average）"大于 1.1 的进行相邻植被类别分类，具体设置如图 3-35 所示。执行结果如图 3-36 所示。

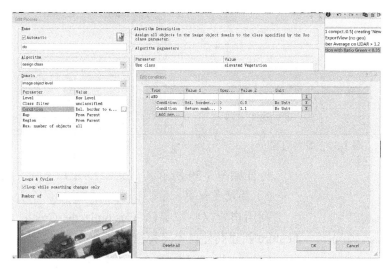

图 3-35　assign class 算法设置

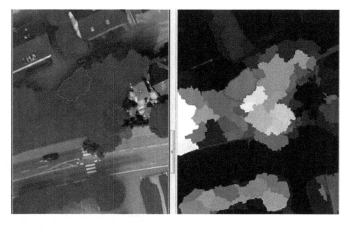

图 3-36　执行结果

3.2.3　区分不同高度的植被

不同高度的地物可以利用点云计算的高度差进行区分。

1）点云高度特征计算

打开 Feature View，在 Object features→Point cloud→Z coordinate，选择 create new 'Z coordinate'，在 Image Layer 里选择点云波段 LIDAR，Operation 选择 Maximum（图 3-37）；同样的建立最小高程（图 3-38）。

图 3-37　最大高程

图 3-38　最小高程

- Point cloud
  - X coordinate
  - Y coordinate
  - Z coordinate
    - Create new 'Z coordinate'
    - Z coordinate Maximum on LIDAR
    - Z coordinate Minimum on LIDAR

图 3-39　特征设置结果

特征如图 3-39 所示。

2）高度差计算

利用自定义特征算法 Customized→Create new 'Arithmetic Feature'创建高差自定义特征，表达式为

[Z coordinate Maximum on LIDAR]-[Z coordinate Minimum on LIDAR]

具体设置如图 3-40 所示。

高差计算的特征如图 3-41 所示。

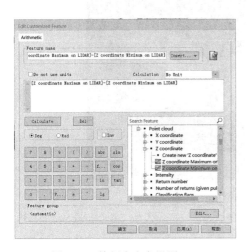

图 3-40　特征自定义设置

图 3-41　自定义特征计算结果

3）利用自定义高差特征区分不同高度的树木

利用 assign class 将小于 2.5m、大于 2.5m 小于 5m、大于 5m 小于 20m 及大于 20m 的树木进行分类。具体设置如图 3-42 所示。

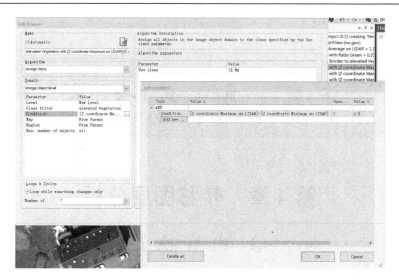

图 3-42　将高差小于 2.5m 的定义为< 2.5 m 类别

其他同样的按照相似的参数设置。执行后分类的结果如图 3-43 所示。

图 3-43　分类结果

第 4 章　转移图层分析

4.1　内　容　概　览

Transfer Layer 算法可以把一个 map 中的图层复制到另一个 map 中。这个算法有助于对单独一个图层进行操作：在低于工程分辨率的图层上进行基于像素的操作，在不同的影像对象层结构上进行图层操作。本案例是在第一种情况下使用的 Transfer Layer 算法。

4.2　案　例　介　绍

在案例中采用的数据为 0.15m 分辨率的航空多光谱影像数据（包括了 RGB 和近红外波段），以及 1m 分辨率的 DSM 数据。影像导入之后，main map 中包含了 5 个影像图层，分辨率为 0.15m。

要解决的问题是根据 DSM 创建坡度图层（图 4-1），但多光谱影像与 DSM 影像的分辨率差异会造成错误的坡度计算结果。因为分辨率的差异，相邻的像元具有相同的高程值。所以这些具有相同高程值的像元返回了平坡，只有在更粗的 DSM 像元边界处才会出现陡坡。

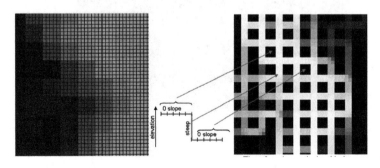

图 4-1　DSM 创建坡度示意图

因此，需要将 DSM 影像拷贝到新 map 上，重新计算坡度，解决方案如图 4-2 所示。新 map 中只包含 DSM 图层，不会造成错误的坡度计算结果。

问题：多光谱影像与DSM影像的分辨率差异造成了错误的坡度计算结果。

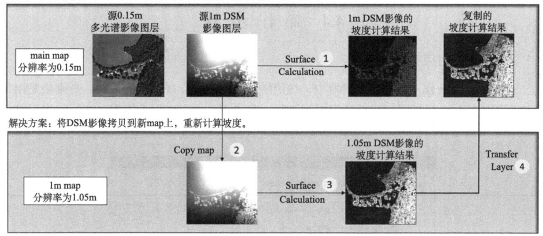

图 4-2　案例解决方案流程图

4.3　解　决　方　案

创建规则集最重要的工具是专业知识，如遥感专业知识或地理专业知识。此外还需要学会把识别过程转为 eCognition 语言（eCognition Technology Language，ETL）。在 eCognition 软件中要实现坡度计算，需要下面几个工作环节（图 4-3）：①了解一般分析工作的全局；②选择数据；③开发方法；④把方法转为规则集；⑤检查结果；⑥必要的话改进方法和规则集；⑦导出结果。

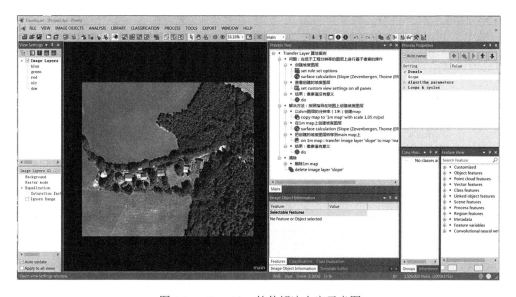

图 4-3　eCognition 软件解决方案示意图

4.4　操　作　步　骤

4.4.1　建立规则集结构

在 eCognition 软件的进程编辑器中，按照图 4-4 所示建立规则集的结构。规则集是由每个进程构成的，可以按照树形结构来组织进程。父进程作为子进程的容器，运行父进程时，子进程会依次运行。

图 4-4　建立规则集结构

4.4.2　添加进程

1）坡度图层添加进程

右键单击创建坡度图层进程，从右键菜单中单击 Insert Child Process，打开 Edit Process 对话框，编辑进程属性。按照图 4-5 中的属性依次进行设置。

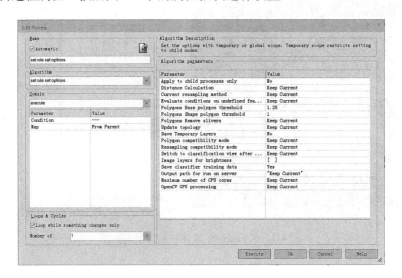

图 4-5　Edit Process 设置

进程编辑完成后，进程树中添加了 set rule set options 进程。进程运行完成后，工程不会把临时图层输出到读者硬盘，另外工程会保存分类器的训练数据（图 4-6）。

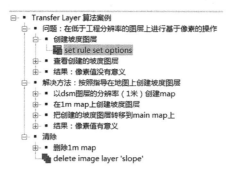

图 4-6 分类器训练结果

右键单击"set rule set options"进程，从右键菜单中选择 Append New，添加一个新进程。编辑进程属性。按照图 4-7 中的属性依次进行设置。

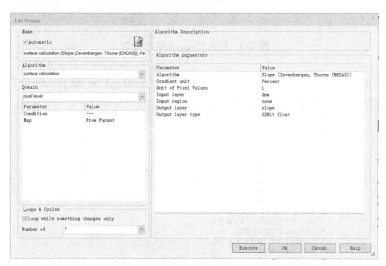

图 4-7 编辑属性

进程编辑完成后，进程树中添加了 surface calculation 进程。进程运行完成后 main map 中多了一个 slope 图层，该图层是在 DSM 进行坡度计算得来的（图 4-8）。

图 4-8 包含 slope 的分类方案

2）坡度图层中添加子进程

右键单击"查看创建的坡度图层"进程，从右键菜单中单击 Insert Child Process，打开 Edit Process 对话框，编辑进程属性。按照图 4-9 中的属性依次进行设置。

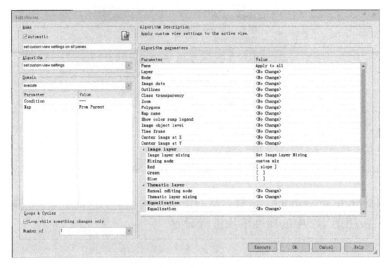

图 4-9　Edit Process 参数设置

进程编辑完成后，进程树中添加了 set custom view settings on all panes 进程。执行完成后，影像窗口中显示出 slope 图层（图 4-10）。

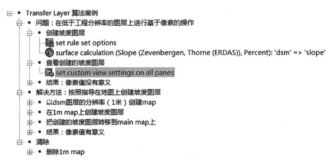

图 4-10　添加自定义窗口的分类结果

3）在结果像素值没有意义的添加断点

右键单击"结果：像素值没有意义"进程，从右键菜单中单击 Insert Child Process，打开 Edit Process 对话框，编辑进程属性。保留进程中的默认值，单击 Ok 按钮（图 4-11）。

新添加的进程为 do，为了让程序在这里中断查看问题所在，可以把 do 设置为断点。右键单击 do 进程，从右键菜单中选择 Breakpoint，即可将 do 进程设为断点。也可以应用快捷键，选择 do 进程之后按一下 F9 键，将 do 进程设置为断点。其属性如图 4-12 所示。

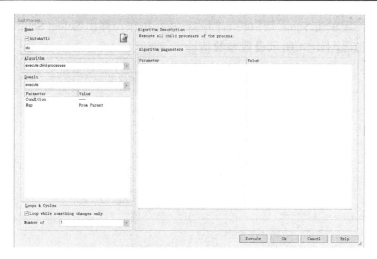

图 4-11　编辑进程属性

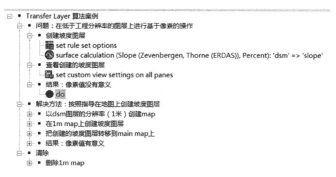

图 4-12　设置断点属性

4）在 DSM map 图层中创建进程

在"查看创建的坡度图层"进程上右键单击，从右键菜单中单击 Insert Child Process，打开 Edit Process 对话框，编辑进程属性。按照图 4-13 中的属性依次进行设置。

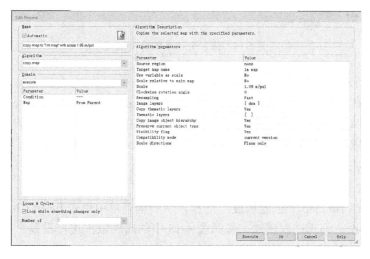

图 4-13　编辑进程属性

设置尺度时，需单击 Scale 数值栏右侧的省略号按钮，弹出 Select Scale 对话框，在这里设置尺度参数。按照图 4-14 所示设置参数值。

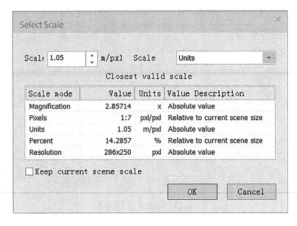

图 4-14　设置尺度参数

进程编辑完成后，进程树中添加了 copy map to '1m map' with scale 1.05 m/pxl 进程（图4-15）。进程运行完成后，main map 中的 dsm 图层就复制到了 1m map 中了，且 1m map 的分辨率与 main map 也不相同，其分辨率为 1.05m/pixel。

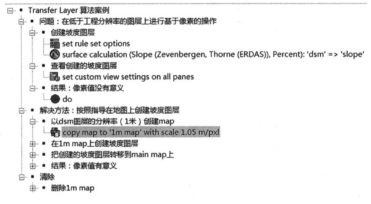

图 4-15　添加分辨率的分类结果

5）在 map 图层中添加进程

右键单击"在 1m map 上创建坡度图层"进程，从右键菜单中单击 Insert Child Process，打开 Edit Process 对话框，编辑进程属性。按照图 4-16 中的属性依次进行设置。

进程编辑完成后，进程树中添加了 surface calculation 进程（图 4-17）。进程运行完成后，就在 1m map 中创建了 slope 图层。

6）创建的坡度图层转移到 main map 中添加进程

右键单击"在 1m map 上创建坡度"进程，从右键菜单中单击 Insert Child Process，打开 Edit Process 对话框，编辑进程属性。按照图 4-18 中的属性依次进行设置。

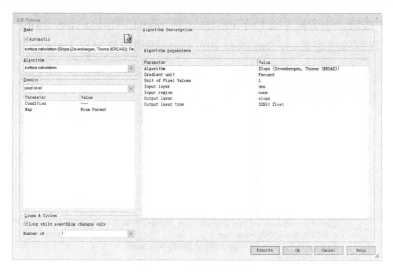

图 4-16 编辑进程属性

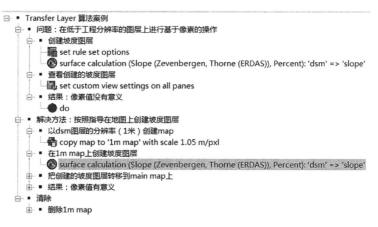

图 4-17 添加 surface calculation 进程结果

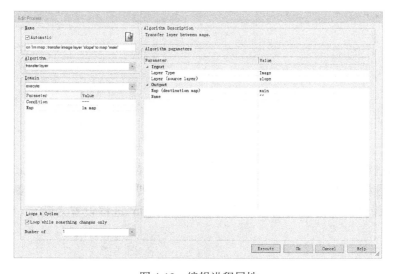

图 4-18 编辑进程属性

进程编辑完成后，进程树中添加了 on 1m map: transfer image layer 'slope' to map 'main'进程（图 4-19）。运行该进程之后，1m map 中的 slope 图层会复制到 1m map 中。

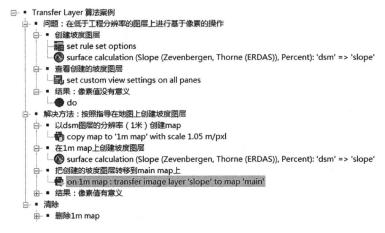

图 4-19　添加 Transfer Layer 进程结果

7）在结果像素值中添加断点

右键单击"结果：像素值有意义"进程，从右键菜单中单击 Insert Child Process，打开 Edit Process 对话框，编辑进程属性。保留进程中的默认值，单击 Ok 按钮（图 4-20）。

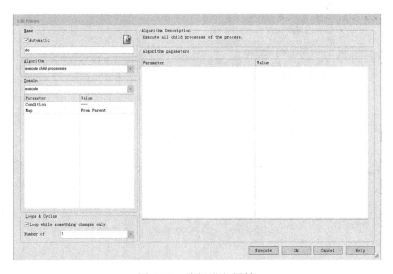

图 4-20　编辑进程属性

新添加的进程为 do，为了让程序在这里中断查看问题所在，可以把 do 设置为断点。右键单击 do 进程，从右键菜单中选择 Breakpoint，即可将 do 进程设为断点。也可以应用快捷键，选择"do"进程之后按一下 F9 键，将 do 进程设置为断点。其方案结果如图 4-21 所示。

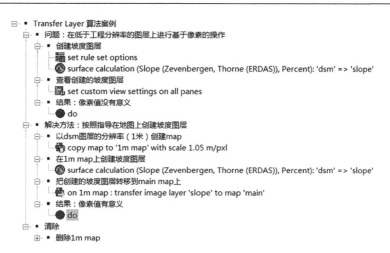

图 4-21　设置断点的方案结果

8）在删除 1m map 中添加进程

右键单击"删除 1m map"进程，从右键菜单中单击 Insert Child Process，打开 Edit Process 对话框，编辑进程属性。按照图 4-22 框线中的属性依次进行设置。

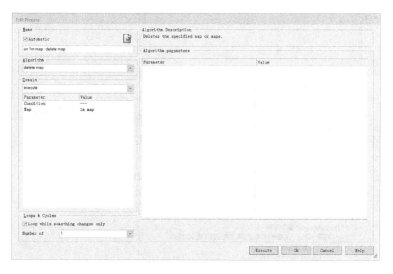

图 4-22　编辑进程属性

进程编辑完成后，进程树中添加了 on 1m map：delete map 进程（图 4-23）。进程运行完成后，1m map 就被删除了。

9）在删除 1m map 后再添加进程

右键单击"删除 1m map"进程，从右键菜单中单击 Append New，打开 Edit Process 对话框，编辑进程属性。按照图 4-24 框线中的属性依次进行设置。

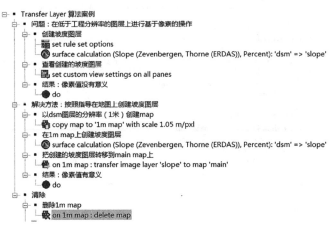

图 4-23　添加 delete map 进程结果

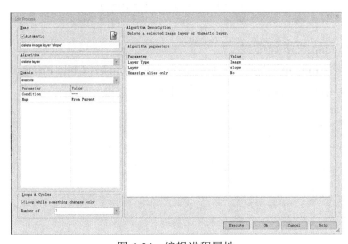

图 4-24　编辑进程属性

进程编辑完成后，进程树中添加了 delete image layer 'slope'进程（图 4-25）。进程运行完成后，main map 中的 slope 图层就被删除了。

图 4-25　添加 delete image layer 进程方案结果

4.5 案 例 总 结

本案例重点讲解了 eCognition 软件中计算坡度的方法、流程及相关算法，详细介绍了 Transfer Layer 算法的用途、用法。本案例中用到了以下算法，读者可以结合本教程来掌握这些算法的使用：用于设置规则集的 Set Rule Set Options 算法；用于坡度坡向计算的 Surface Calculation 算法；用于设置自定义的数据显示模式的 Set Custom View Settings 算法；用于复制 map 的 Copy Map 算法；用于转移图层的 Transfer Layer 算法；用于删除 map 的 Delete Map 算法；用于删除图层的 Delete Layer 算法。

4.6 算 法 详 解

1. Set Rule Set Options 算法介绍

允许读者控制这个规则集或部分规则集的某些设置。例如，读者可以在分析大对象时应用特定的设置，然后在分析小对象时再把设置更改一下。而且，由于这些设置是规则集的一部分，与客户机无关，但规则集在服务器上运行的时候，设置就保存了。读者可以保存规则集或相关工程，从而保存算法中所选择的设置，因为保存工程时也会同时保存规则集。当前设置可以在 Tools→Options→Project Settings 下进行显示（图 4-26）。

图 4-26 规则集参数设置

1）可选择的域
Execute。
2）算法参数
算法参数具体解释见表 4-1。

表 4-1　算法参数说明

序号	参数名称		参数说明
1	仅用于子进程（Apply to Child Processes Only）		如果值为 No，设置将全局应用，一直到执行完成。如果选择 Yes，仅在子进程上应用更改
	距离计算（Distance Calculation）	最小外接矩形（Smallest Enclosing Rectangle）	在距离计算时使用影像对象的最小外接矩形
		重力中心（Center of Gravity）	在距离计算时使用影像对象的重心
		默认（Default）	当保存规则集时，返回数值给默认设置
		维持当前（Keep Current）	当保存规则集时保留已有设置
	当前重采样方法（Current Resampling Method）	中心像元（Center of Pixel）	从中心的像元初始化重采样
		左上角像元（Upper Left Corner of Pixel）	从左上角的像元初始化重采样
		默认（Default）	当保存规则集时，返回数值给默认设置
		维持当前（Keep Current）	当保存规则集时保留已有设置
2	基于未定义特征把条件的值判断为 0（Evaluate Conditions on Undefined Features as 0）		当数值未定义时，根据读者已经定义的条件，软件可以判断为假，或者基于 0 值来执行判断
		是（Yes）	使用未定义的特征将任意一个条件设为默认（false）
		否（No）	使用未定义特征评估条件之前，给未定义特征值配为 0 值
		默认（Default）	保存规则集时，恢复到默认值
		维持当前（Keep Current）	保存规则集时，保留已有的设置
3	基础多边形的多边性（Polygons Base Polygon Threshold）		该值设定了基础多边形的抽象程度。默认值为 1.25
4	形状多边形的多边性（Polygons Shape Polygon Threshold）		该值决定了形状多边形的抽象程度。形状多边形独立于拓扑结构，至少由三个点构成。形状多边形的阈值可以任意改变，不需要重新计算基础的向量化。默认值为 1
5	多边形移除裂片（Polygons Remove Slivers）		移除裂片通常用于避免相邻多边形的边缘交叉及多边形的自相交现象。对于较高的基础多边形生成阈值，有必要进行裂片移除。注意移除裂片的处理时长，尤其是对于无论如何都不需要低阈值的情况
		否（No）	允许多边形边缘相交和自相交
		是（Yes）	避免相邻多边形的边缘相交和多边形的自相交
		默认（Default）	保存规则时恢复到默认值
		维持当前（Keep Current）	保存规则时保留了已有设置
6	更新拓扑（Update Topology）		更新拓扑允许读者自动或按需要更新相邻关系

续表

序号	参数名称		参数说明
7	保存临时图层（Save Temporary Layers）	是（Yes）	选择 Yes，把临时图层保存到读者的硬盘中
			对于 eCognition 9.0 创建的新规则集
		否（No）	由 eCognition 8.8 或更早的版本创建的规则集
8	多边形兼容模式（Polygon Compatibility Mode）		将这个选项设置为使用多边形的多边形兼容性选项
9	重采样兼容模式（Resampling Compatibility Mode）		将这个选项设置为使用影像图层重采样的兼容性选项。更改这个值之后，影像对象可能要重新创建来反映更改状态
10	进程执行之后切换到类别显示状态（Switch to Classification View after Process Execution）		这个参数表示在执行进程之后将更改到类别显示状态
		点云距离滤波（Point Cloud Distance Filter）	这个参数把最大的激光点距离设置为传感器。距离单位与点云投影单位一致
		定义亮度的影像图层（Image Layers for Brightness）	选择影像图层定义用于亮度计算的图层
11	保存分类器训练数据＝保存样本统计文件（Save Classifier Training Data = Save Sample Statistics File）		将这个选项设置为"Yes"，当保存工程、规则集或解决方案时，自动存储分类器样本统计文件，格式为 [工程名字.ctd]
12	在 server 上运行的输出路径（Output Path for Run on Server）		更改 server 上处理的解决方案的输出路径

2. Surface Calculation 算法介绍

使用 Surface Calculation 算法可以得到一个 DEM 中每个像元的坡度值（图 4-27）。这个算法可以用于判断地形上的一个区域是平坦还是陡峭，而且它不依赖于绝对的高程值。此外，这个算法还有一个设置可以使用 Horn 方法来计算坡向。

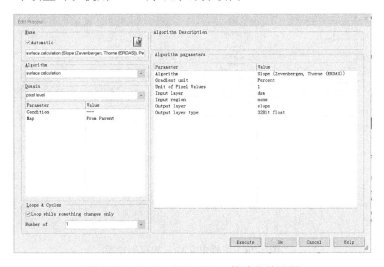

图 4-27　Surface Calculation 算法参数设置

1）可选择的域

Pixel Level; Image Object Level; Current Image Object; Neighbor Image Object; Super Objects; Sub Objects; Linked Objects。

2）算法参数

算法参数具体解释见表 4-2。

表 4-2　算法参数说明

序号	参数名称	参数说明
1	坡度单位（Gradient unit）	用于坡度。从坡度单位的下拉菜单中选择百分比或者度
2	像元单位（Unit of Pixel Values）	输入像元高度值与像素大小的比值
3	输入图层（Input layer）	选择要应用滤波器的图层。坡度单位和像元单位的参数仅用于坡度计算
4	输入区域（Input region）	在输入的影像图层内定义一个区域，选择或输入已有区域的名字。读者还可以输入区域的起始点（左下角）坐标（Gx, Gy），以及区域大小 [Rx, Ry, Rz, Rt]。输入格式为（Gx, Gy, Gz, Gt），[Rx , Ry , Rz, Rt]。读者也可以选择一个变量，并给这个新变量输入一个名字，然后单击 Ok 按钮或者按回车键打开 Create Variable 对话框，进行进一步设置
5	输出图层（Output layer）	给输出图层输入名字或者点击下拉菜单选择一个名字用于输出。如果不输入名字，将创建一个临时图层。如果选择输出一个临时图层，它将被删除或者替换
6	输出图层类型（Output layer type）	从下拉菜单中选择一个输出图层类型。选择 As Input Layer，把输入图层的类型值配为输出图层

说明：坡度使用了 Zevenbergen-Thorne（Zevenbergen and Thorne，1987）方法，坡向使用了 Horn（Horn，1981）方法。

3. Set Custom View Settings 算法介绍

读者可以用 Set Custom View Settings 算法给工程定义特定的视图设置并应用（图 4-28）。

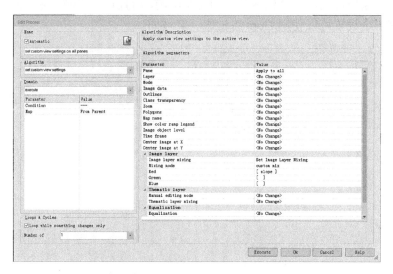

图 4-28　工程定义特定的视图设置

1）可选择的域

Execute。

2）算法参数

算法参数具体解释见表 4-3。

表 4-3　算法参数说明

序号	参数名称	参数说明
1	窗格（Pane）	选择在哪个窗格上应用视图设置。可以选择以下选项：鼠标选择（Active）、左上（First）、右上（Second）、左下（Third）、右下（Fourth）、Apply to all
2	图层（Layer）	选择在哪个图层上应用视图设置。根据工程和可用的数据可以选择以下选项：No Change、Image Data、Samples、Temporary Layer、Thematic Layer
3	模式（Mode）	选择以下任意一个可用的视图设置模式：No Change、Layer、Classification、Samples、From Feature...、From Array Item...
4	影像数据（Image Data）	选择任意一种可用的影像数据设置：No Change、Pixel View、Object Mean View
5	外轮廓（Outlines）	选择应用哪种外轮廓显示设置，选项有：No Change、None、Opaque、Transparent
6	类别透明度（Class Transparency）	选择所需的不透明度（单位是%），可输入确定的数值或者从以下选项中选择一个：No Change、Value、From Featured...、From Array Item...
7	缩放（Zoom）	选择所需的缩放因子（单位是%），可以输入确定的数值或者从以下选项中选择一个：No Change、Value-zoom factor（in %）、Fit to Window - zooming to fit scene in the current window、Zoom in center - stepwise zooming in on the current image center、Zoom out center - stepwise zooming out on the current image center、From Feature...、From Array Item...
8	多边形（Polygons）	选择以下任一选项显示多边形轮廓线：No Change、Off、Raster、Smoothed
9	map 名称（Map Name）	选择要显示的 map：No Change、Map name、main、From Parent
10	显示颜色渐变图例（Show color ramp legend）	开启或关闭一个颜色渐变图例：No Change、Off、On。读者也可以在影像显示窗格中点击右键，从右键菜单中选择 Show Color Ramp Legend，开启或关闭这个图例
11	影像对象层（Image object level）	选择要显示的影像对象层名称，No Change、Level Name
12	时间范围（Time Frame）	选择要显示的一个特定时间帧，No Change、Value、From Feature...、From Array Item...
13	X 坐标居中影像（Center image at X）	在特定的 X 坐标上居中影像视图，No Change，Value，From Feature...，From Array Item...
14	Y 坐标居中影像（Center image at Y）	在特定的 Y 坐标上居中影像视图，No Change，Value，From Feature...，From Array Item...
15	影像图层混合（Image Layer Mixing）	No Change，Set Image Layer Mixing。当选择 Set Image Layer Mixing 时，可选择以下选项：No Change、Off、On
16	专题矢量图层名称（Thematic Vector Layer Name）	当选择 Manual editing mode-on 时，可以指定一个专题图层应用设置
17	专题图层混合（Thematic Layer Mixing）	选择以下任一选项：No change、Set Thematic Layer Mixing
18	图层（Layers）	当选择 Set Thematic Layer Mixing，可以选择下面的专题图层可视化属性：Show、Outline Color、Fill color、Transparency
19	专题图层透明度（Thematic Layer Transparency）	如果想给所有选择的图层选择一个透明度值，可以在 0～100 输入一个透明度值。这个参数在 Thematic layer mixing 设置为 Set Thematic Layer Mixing 时可用
20	轮廓线宽度（Outline Width）	轮廓线的宽度值为 0～10，可以更改所有的矢量图层的矢量轮廓线宽度

4. Copy Map 算法介绍

复制一个 map 或者部分 map。例如，把当前的影像对象复制到一个新 map 中，或者使用复制覆盖已有的 map。2D，3D 和 4D map 都可以被复制；最小可以创建 4 乘 4 像素的 map。Copy Map 算法参数设置如图 4-29 所示。

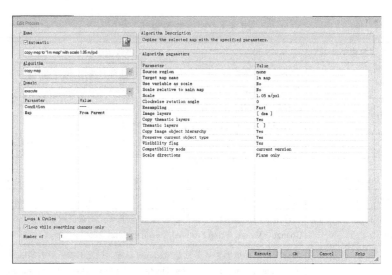

图 4-29　Copy Map 算法参数设置

1）可选择的域

Execute；Current Image Object；Neighbor Image Object；Super Object；Sub Objects；Linked Objects。

2）算法参数

（1）Source Region（源区域）。在源 map 中定义一个区域，选择或输入已有区域的名字。读者还可以输入区域的起始点（左下角）坐标（Gx，Gy），以及区域大小[Rx，Ry，Rz，Rt]。读者还可以选择一个变量，通过输入新变量名字并单击 OK 按钮或按回车键，打开 Create Variable 对话框进一步设置。

（2）目标 map 名字（Target Map Name）。通过复制创建的 map。从下拉菜单中选择 map 名称或输入一个新的名字。如果读者选择一个已有的 map，复制的 map 会覆盖它。读者可以创建一个 map 变量，或者选择一个已有的 map 名字变量。

（3）使用变量作为尺度（Use Variable As Scale）。使用变量来指定复制地图的尺度，而不是定义一个数值。相对于 main map 的尺度（Scale Relative to Main Map），判断是否使用与 main map 的相对尺度。

（4）Scale。如果读者选择重采样（resample），尺度将参考原始的影像数据。如果读者选择默认的 Use Current Scene Scale，复制的 map 将与被复制的 map（一部分 map）具有相同的尺度。例如，如果 main map 以 50%的尺度复制到 map2，而 map2 以 50%的尺度复制到 map3，map3 的尺度将是 main map 的 50%，而不是 map2 的 50%。如果读者不想以 map 的当前尺度来复制，单击省略号按钮打开 Select Scale 对话框。选择与当前屏幕不同的尺度，在不同的放大率/分辨率下复制的 map 上工作，如图 4-30 所示。如果读者输入一个无效的尺度因子，将会改变为表 4-4 中显示的最有效尺度。如果要更改当前的尺度模式，读者可以从下拉单中选择。推荐读者在规则集中使用一致的缩放模式，因为不同的缩放模式会产生不同的缩放结果。例如，读者输入 40，会以表 4-4 所示的尺度进行缩放，计算方式是不同的。

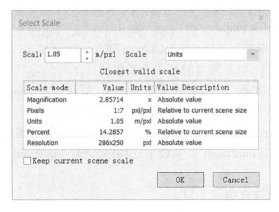

图 4-30　尺度参数设置

表 4-4　尺度参数设置

对话框设置选项	复制的场景或子集尺度
Units（m/pixel）	每个像元等于 40m
Magnification	40x
Percent	源场景分辨率的 40%
Pixels	源场景中每 40 个像元等于 1 个像元

（5）顺时针旋转角度（Clockwise Rotation Angle）。这个特征可以将复制的 map 进行旋转，可以设置一个固定值或者与变量有关的值。

（6）重采样（Resampling）。选择是否应用 Gaussian 平滑（表 4-5）。

表 4-5　采样函数说明

数值	描述
Smooth	应用平滑。如果应用了平滑，就会发生降采样，算法会在工程文件（.dpr）旁边生成一系列 smoothed.tif 文件
Fast	不应用平滑，选择快速处理

（7）影像图层（Image Layers）。选择一个影像图层用在新 map 中。如果没有选择图层，会使用全部图层。如果图层复制时发生了降采样，是因为在 Resampling 栏中选择了 Smooth。

（8）像机视角自顶向下（Camera View to Top Down）。如果设置为 Yes，在目的 map 中点云会从像机视角转为自顶向下视角。栅格图层不会转移到目的 map。

（9）复制专题图层（Copy Thematic Layers）。选择一个专题图层用在新 map 中。如果没有选择图层，会使用全部图层。专题矢量图层一致被复制，并转为专题栅格图层。如果专题栅格图层复制时发生了降采样，是因为在 Resampling 栏中选择了 Smooth。复制专题矢量图层可能表现得比较密集，因为矢量图层会转换为栅格图层。

（10）专题图层（Thematic Layers）。指定一个使用的专题图层；如果没有选择图层，将使用所有图层。

（11）复制影像对象层次（Copy Image Object Hierarchy）。选择是否复制影像对象层次到 map：如果选择 Yes，源 map 中的影像对象层次会复制到新 map。如果选择 No，只有所选的影像和矢量数据被复制到新 map。

（12）保留当前的对象类型（Preserve Current Object Type）。如果把这个选项设置为 No，创建的对象可能不连接，一个对象可能有多个多边形。

（13）可视标记（Visiblity Flag）。如果值为 Yes（默认值），map 下拉菜单中的所有 map 都可用。如果设置为 No，可以访问创建的 map，但是不会显示。

（14）兼容模式（Compatibility Mode）。允许与前面的软件版本兼容。

（15）尺度方向（Scale Direction）。从以下选项中选择：Plane only、Plane and z，Plane and time。

5. Transfer Layer 算法介绍

在不同的 map 中传递临时影像图层，矢量图层或点云图层。Transfer Layer 算法参数设置如图 4-31 所示。

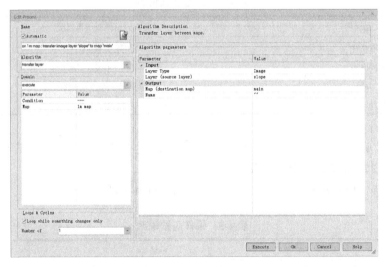

图 4-31　Transfer Layer 算法参数设置

1）可选择的域

Execute。

2）算法参数

（1）源图层[Input：Layer（source layer）]。选择要被传递的影像图层或是矢量图层。

（2）目的 map[Output：Map（destination map）]。选择图层要被复制过去的目标 map。

（3）输出名称（Output：Name）。给目标 map 中的新图层输入名字。如果没有定义名字，使用源图层的名字。

6. Delete Map 算法介绍

删除一个特定的 map 或多个 map（提示：多个 map 可以用数组表示）。这个算法没有算法参数。Delete Map 算法参数设置如图 4-32 所示。

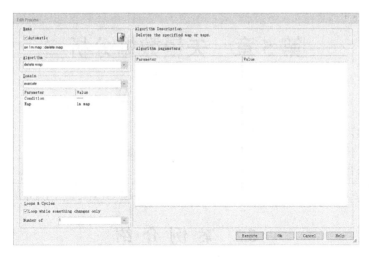

图 4-32　Delete Map 算法参数设置

可选择的域：Execute、Maps。

7. Delete Layer 算法介绍

删除一个所选的影像图层或专题图层。必须在 map 中保留一个影像。这个算法通常与 Create Temporary Image Layers 算法一起用，在使用完影像图层之后删除它。Delete Layer 算法参数设置如图 4-33 所示。

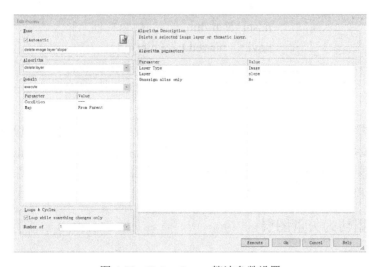

图 4-33　Delete Layer 算法参数设置

1）可选择的域

Execute。

2）算法参数

（1）图层类型（Layer Type）。选择要删除的图层类型——专题图层或影像图层。

（2）图层（Layer）。选择要删除的一个图层。

第 5 章   矢量数据分析

5.1   内 容 概 览

本地矢量操作是 eCognition 9.x 版本的一个亮点，它包括了以下功能。①显示和检查 GIS 矢量图层：不再进行栅格化或像素捕捉；查看矢量图层的新对话框；查看矢量特征。②操作 GIS 矢量图层的算法：联合（Combine）；简化（Simplify）；平滑（Smooth）；正交化（Orthogonalize）；集成（Integrate）等。③创建和导出 GIS 矢量图层算法。

5.2   案 例 介 绍

本案例基于对象分类提取建筑物和森林的基础上，将分类结果转化为矢量图层，利用本地矢量化操作算法对该图层进行叠置分析，最终得到覆盖森林与建筑物的准确矢量边界。

（1）影像分类。本案例采用了 0.15m 航空多光谱影像（RGB+Nir），以及 1m DSM 和 DTM 影像，提取 Forest、Building 和 New Building 类别。其中 New Building 类别采用了 GIS 矢量的重叠度特征，从 Building 类别中进行提取，把 GIS 矢量没有覆盖到的 Building 对象分类为 New Building 类别。提取建筑物和森林流程图如图 5-1 所示，用到的对象特征如下：

$$ndsm=dsm-dtm$$
$$ndvi=（nir-red）/（nir+red）$$
Area
Rectangular fit
Max overlap [%]: GIS

（2）本地矢量操作。根据分类结果将 Forest 和 New Building 类别的影像对象转化为矢量图层，然后利用本地矢量操作算法对该矢量图层进行合并、简化、平滑、正交化、裁剪和整合操作，最终将该矢量图层整合到 GIS 矢量图层中，修正原始的 GIS 矢量图层，并将其输出。本地矢量操作流程如图 5-2 所示。

5.2.1   影像数据转为矢量图层

将分类结果中的 Forest 和 New Building 类别的对象转化为矢量图层 obia_objects（图 5-3）。

5.2.2   矢量对象合并

根据 Class_name 属性将 obia_objects 矢量对象进行合并，得到 obia_objects_merged（图 5-4）。

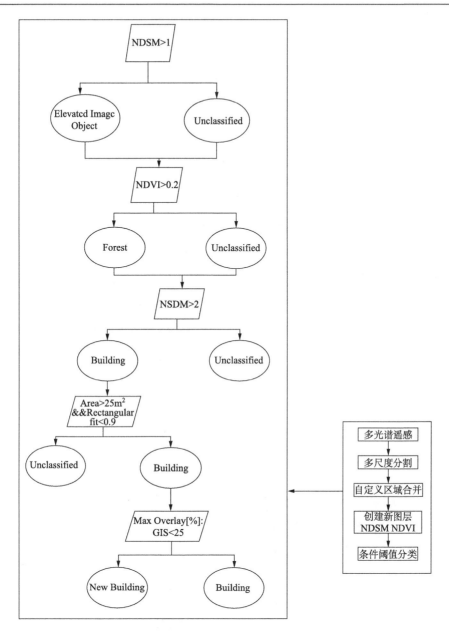

图 5-1 提取建筑物和森林流程图

5.2.3 矢量简化

对 obia_objects_merged 矢量对象进行简化，得到 obia_objects_simplified，简化后的矢量对象节点会减少（图 5-5）。

5.2.4 矢量正交化

针对 obia_objects_simplified 矢量图层中的 New Building 对象进行正交化，得到 obia_newbuilding_objects_rectilinear（图 5-6）。

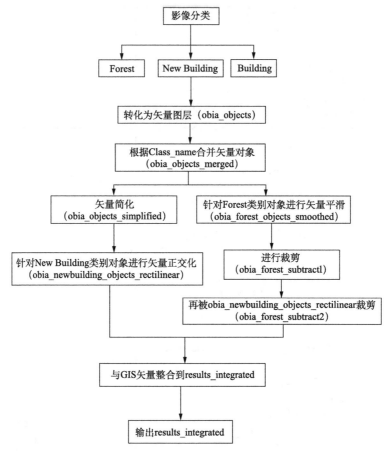

图 5-2　本地矢量操作流程图

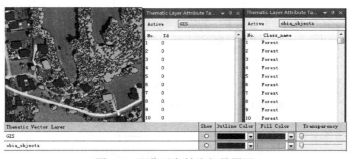

图 5-3　影像对象转为矢量图层

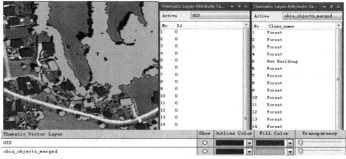

图 5-4　矢量对象合并

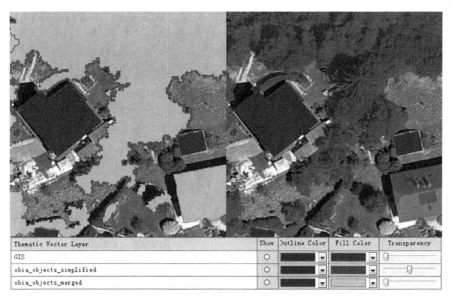

图 5-5　矢量简化

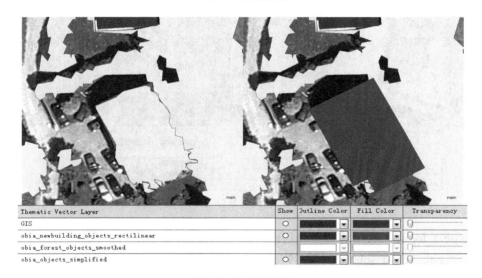

图 5-6　矢量正交化

5.2.5　矢量平滑

对 obia_objects_simplified 矢量图层中的 Forest 对象进行平滑，得到 obia_forest_objects_
smoothed（图 5-7）。

5.2.6　矢量裁剪

针对 obia_forest_objects_smoothed 矢量图层进行裁剪，使其被 GIS 裁剪，得到 obia_forest_
subtract1（图 5-8）。

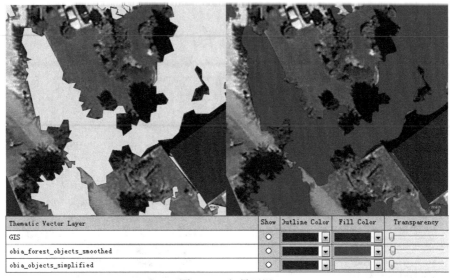

Thematic Vector Layer	Show	Outline Color	Fill Color	Transparency
GIS	○			
obia_forest_objects_smoothed	○			
obia_objects_simplified	○			

图 5-7 矢量平滑

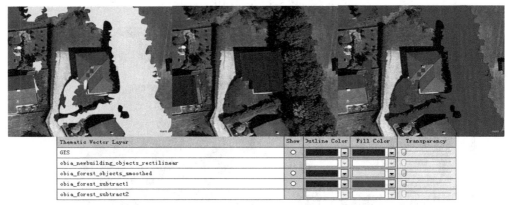

Thematic Vector Layer	Show	Outline Color	Fill Color	Transparency
GIS	○			
obia_newbuilding_objects_rectilinear				
obia_forest_objects_smoothed	○			
obia_forest_subtract1	○			
obia_forest_subtract2				

图 5-8 矢量裁剪（一）

针对 obia_forest_subtract1 矢量图层进行裁剪，使其被 obia_newbuilding_objects_rectilinear 裁剪，得到 obia_forest_subtract2（图 5-9）。

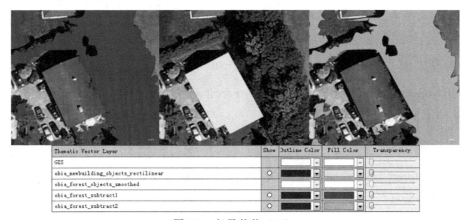

Thematic Vector Layer	Show	Outline Color	Fill Color	Transparency
GIS				
obia_newbuilding_objects_rectilinear	○			
obia_forest_objects_smoothed				
obia_forest_subtract1	○			
obia_forest_subtract2	○			

图 5-9 矢量裁剪（二）

5.2.7　矢量整合

把矢量图层 obia_newbuilding_objects_rectilinear、obia_forest_subtract2 和 GIS 整合到一起，得到 results_integrated（图 5-10）。

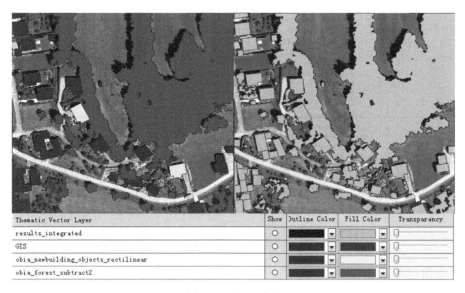

图 5-10　矢量整合

5.3　解　决　方　案

创建规则集最重要的工具是专业知识，如遥感专业知识或地理专业知识。此外还需要学会把识别过程转为 ETL 语言。在 eCognition 软件中要实现建筑物和植被的提取，并根据实际情况进行本地矢量操作，需要下面几个工作环节：①了解一般分析工作的全局；②选择数据；③开发方法；④把方法转为规则集；⑤检查结果；⑥改进方法和规则集；⑦导出结果。

5.4　操　作　步　骤

5.4.1　建立规则集结构

在 eCognition 软件的进程编辑器中，按照图 5-11 所示建立规则集的结构。规则集是由每个进程构成的，可以按照树形结构来组织进程，父进程作为子进程的容器，运行父进程时，子进程会依次运行。

5.4.2　添加进程

在编辑进程和特征时要注意核查自己的设置与教程中的设置是否一致。

图 5-11　规则集建立

1. 创建自定义算法

1）添加父进程

添加父进程"multiple object difference conditions-based fusion"（图 5-12）。

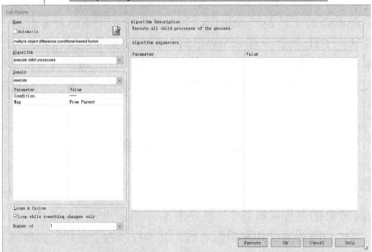

图 5-12　添加父进程 multiple object difference conditions-based fusion

右键单击父进程，从菜单中选择 Customized Algorithms，将该进程及其子进程转化为自定义算法（图 5-13）。

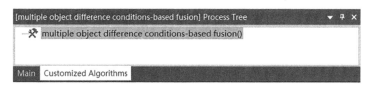

图 5-13　创建自定义算法

2）创建自定义算法内的场景变量和特征变量

在 Process Tree 窗口中，切换到 Customized Algorithms 选项卡，再单击主菜单 Process→Manage Variables，创建该算法的新变量。因为是自定义算法的变量，所以它包含的每个变量都会以自定义算法名称作为前缀。

在 Sence 选项卡中共创建 11 个自定义算法的变量，分别是 Common Border，Difference Feature 01、Difference Feature 02、Difference Feature 03、Difference Feature 04、Difference Feature 05、Difference Feature 06、Difference Feature 07、Difference Feature 08、Difference Feature 09、Difference Feature 10（图 5-14 和图 5-15）。

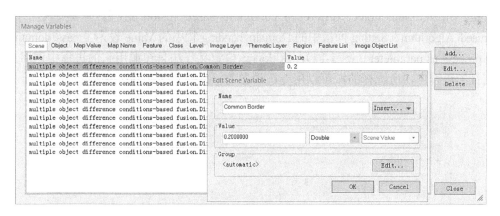

图 5-14　自定义算法创建（一）

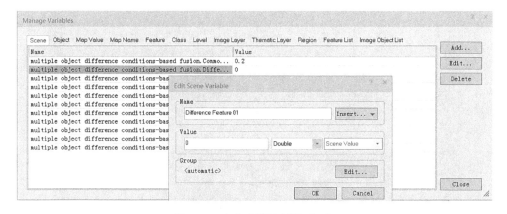

图 5-15　自定义算法创建（二）

在 Manage Variables 对话框中，切换到 Feature 选项卡，给自定义算法添加特征变量。共创建 10 个特征变量，包括 Feature 01、Feature 02、Feature 03、Feature 04、Feature 05、Feature

06、Feature 07、Feature 08、Feature 09、Feature 10（图 5-16）。

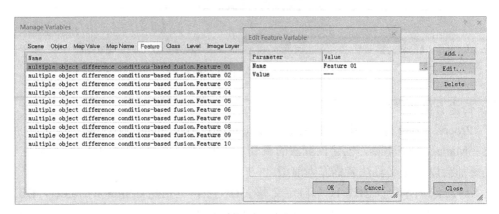

图 5-16　自定义算法创建（三）

3）编辑自定义算法

右键单击 multiple object difference conditions-based fusion 进程，从菜单中单击 Edit Customised Algorithm。Setting 面板中的 Domain handing 栏中的 Value 设为了 pass domain from calling process as parameter（图 5-17），意味着该自定义算法只在调用它的进程中调用一次。在自定义的进程中，所选择的域可以用专门设置的"from calling process"。

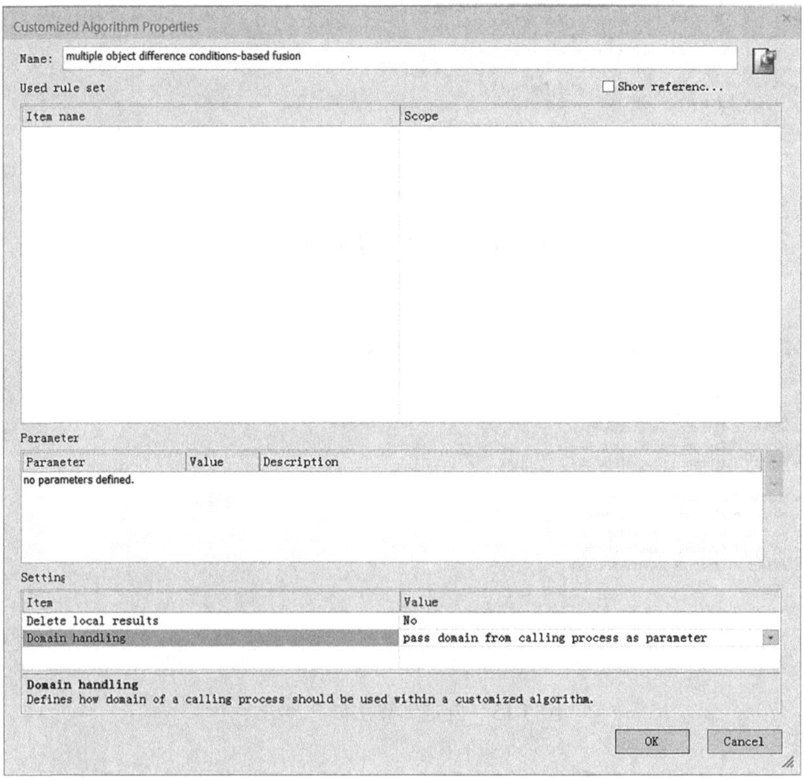

图 5-17　自定义算法编辑

4）添加 set rule set options 算法进程

执行完该进程之后，规则集的设置就根据所选项进行了调整和更改（图 5-18）。

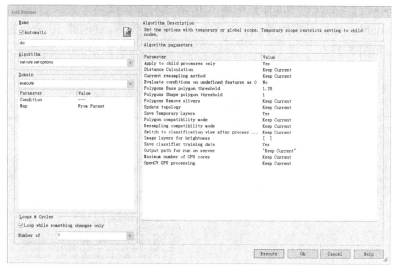

图 5-18　添加 set rule set options 算法进程

5）创建新类别及类别描述

在 Class Hierachy 窗口中右键单击 multiple object difference conditions-based fusion classes，单击 Insert Class，插入一个新的类别，名字命名为 Similarity（图 5-19）。

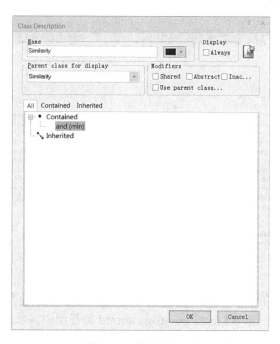

图 5-19　创建新类别

　　首先利用特征变量创建自定义的 new diff.PPO 特征，该特征为当前对象与其父进程中的对象之间的差值。它包括了两个参数，一个是当前进程与其父进程之间的层次距离；另一个是特征，这个自定义特征的取值范围和其特征参数相关。

　　双击 Process features→Customized→Create new 'diff.PPO' 自定义特征，弹出 Create diff.PPO 对话框，在 distance 的 Value 栏中输入 0，表示对象都在同一层次进程上。单击 Feature，选择 Feature variables 特征组中的特征。由于有 10 个特征变量，就创建 10 个自定义的 diff.PPO 特征（图 5-20 和图 5-21）。

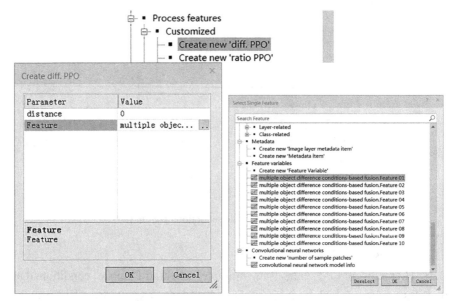

图 5-20　创建自定义特征（一）

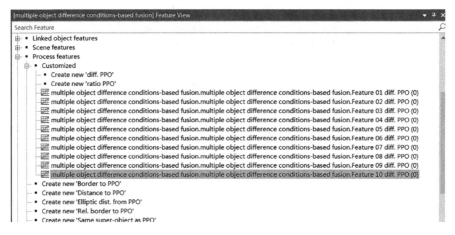

图 5-21　创建自定义特征（二）

　　因为这些特征描述的是对象之间的特征差异，但其取值有正有负，需要给这些特征取绝对值之后再利用，所以在 Object features→Customized 特征组中，单击 Create new 'Arithmetric Feature' 项，在里面使用 abs 运算符编辑公式。根据之前创建的 10 个 diff.PPO 特征，在此创建 10 个 abs（Feature.diff.PPO）特征，因为是自定义算法的特征，所以在 abs 和 Feature.diff.PPO 特征前都会有自定义算法名字作为前缀（图 5-22 和图 5-23）。

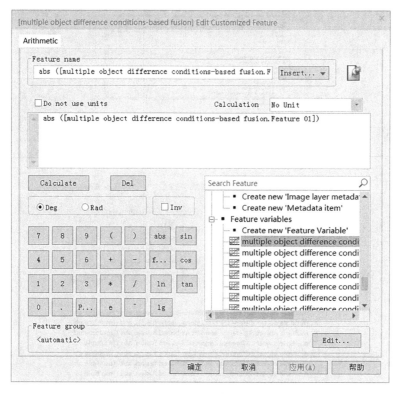

图 5-22　创建自定义特征（三）

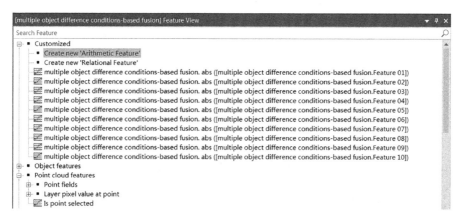

图 5-23　创建自定义特征（四）

依次双击图 5-23 中创建的 10 个特征，编辑每个特征的隶属度函数，创建的 Similarity 类别的上述特征与该类别的隶属度值成线性反比关系，意味着某个对象如果与其相邻对象的特征差异越大，隶属于 Similarity 的可能性越小，即该对象与相邻对象的特征不相似。这 10 个特征的隶属度都是相同的设置方法。在区间范围表达上，最小值为 0，最大值为创建的 Difference in feature 变量，该变量在使用时可以给它初始化一个数值（图 5-24 和图 5-25）。

图 5-24　隶属度函数选择（一）

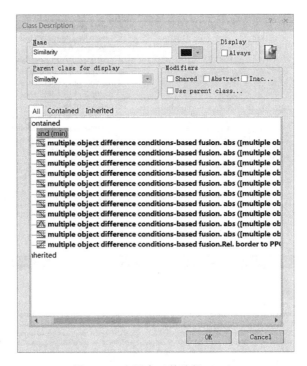

图 5-25　隶属度函数选择（二）

　　前面已经给 Similarity 这个类别定义了它与相邻对象的特征差异属性,后面要创建的特征是在 Process-related 特征组里的 Rel.border to PPO 特征,它是指某个对象与其父对象的公共边长占该对象总边长的比率。里面的 Process distance 参数是指进程树中某个进程与其父进程之间的层次距离。特征值范围是[0, 1]。如果层次距离为 0,是指某个对象与其相邻对象的公共边长占该对象总边长的比率。在隶属度函数设置中选择了线性正比关系,区间范围中的最小值设为 0,区间范围中的最大值设为 Common border 变量,在应用该自定义算法时,可以给 Common border 变量初始化一个数值。这个表达式意味着如果某个对象与其相邻对象的公共边占比越大,则隶属于 Similarity 类别的可能性越大,即越相似(图 5-26～图 5-30)。

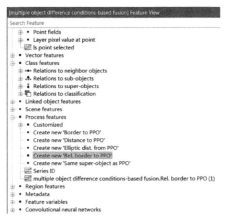

图 5-26　插入表达式

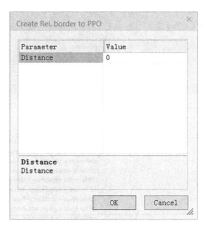

图 5-27　Distance 定义

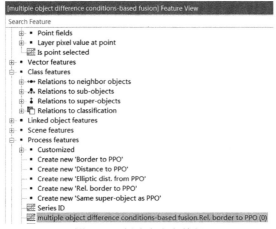

图 5-28　创建自定义特征

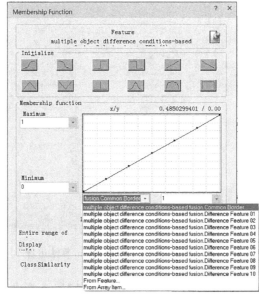

图 5-29　隶属度函数选择（三）

图 5-30　隶属度函数选择（四）

6）添加 image object fusion 算法进程

该算法是把 Similarity 类别描述作为拟合函数，拟合值计算时只考虑候选对象。将满足拟合值的所有候选对象与种子对象以最佳方式进行融合（图 5-31）。

图 5-31　添加 image object fusion 算法进程

选择拟合函数（Fitting function）时，读者可以单击 Value 栏中右侧的省略号按钮，从弹出的 Select Single Feature 窗口中选择 Class features→Relations to classification→ Classification value of→Create new 'Classification value of'，然后选择 multiple object difference conditions-based fusion.Similarity（图 5-32～图 5-34）。

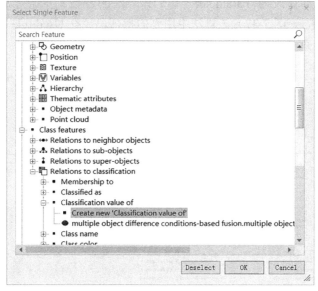

图 5-32　拟合函数定义

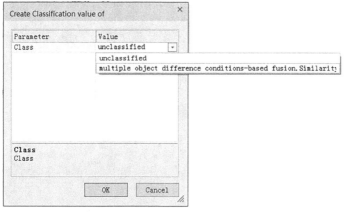

图 5-33　Single Feature 窗口参数设置（一）

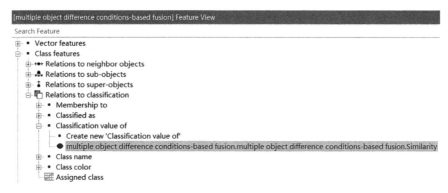

图 5-34　Single Feature 窗口参数设置（二）

7）编辑自定义算法

右键单击自定义算法，在弹出的 Customized Algorithm Properties 对话框中，把 Used rule set 里面的变量范围都更改为 Parameter，作为该算法的参数。更改之后，它们也会出现在 Parameter 框中（图 5-35～图 5-37）。该算法中用到的特征已经在 Used rule set 面板中的 Features 项里列出。这些特征就是在描述 Similarity 类别时用到的特征。

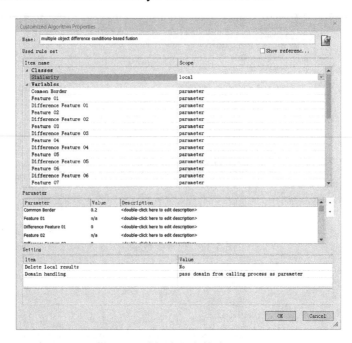

图 5-35　编辑自定义算法（一）

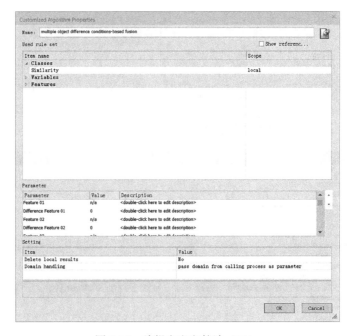

图 5-36　编辑自定义算法（二）

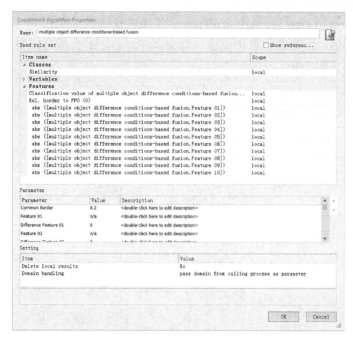

图 5-37 自定义算法属性

2. 在初始化进程中添加子进程

初始化进程的作用是设置规则集选项，调整数据浏览窗口中的显示设置，并清理已有的对象层和图层，避免后面的操作受到影响（图 5-38）。

1）添加 set rule set options 算法进程

执行完该进程后，规则集设置更改为不保存临时图层，保存分类器的训练数据（图 5-39）。

图 5-38 设置规则集

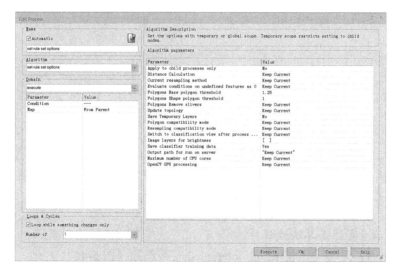

图 5-39 添加 set rule set options 算法进程

2）添加 set custom view settings on all panes 算法进程

执行完该进程后，所有的数据浏览窗口都会以 R、G、B 合成方式显示影像，且缩放方式为适应窗口大小（图 5-40）。

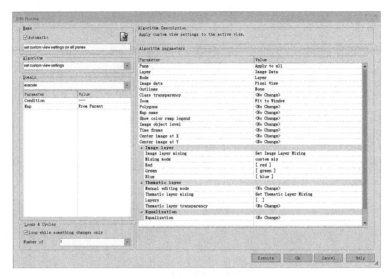

图 5-40　添加 set custom view settings on all panes 算法进程

3）添加 delete image object level 算法进程

执行完该进程后，Main Level 这个对象层将被删除（图 5-41）。

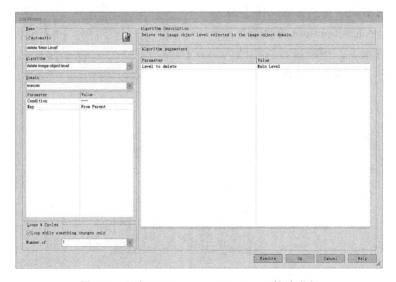

图 5-41　添加 delete image object level 算法进程

4）添加删除专题图层算法进程

执行完该进程后，专题图层 result_integrated 将被删除（图 5-42）。

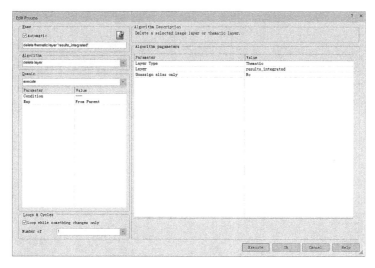

图 5-42　添加 delete layer 算法进程（一）

5）添加删除 ndsm 算法进程

执行完该进程后，ndsm 图层将被删除（图 5-43）。

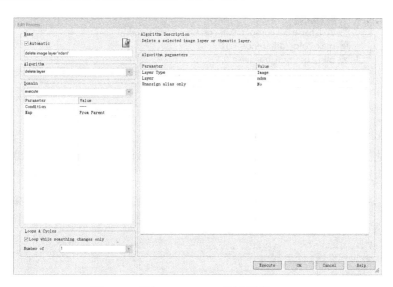

图 5-43　添加 delete layer 算法进程（二）

6）添加删除 ndvi 算法进程

执行完该进程后，ndvi 图层将被删除（图 5-44）。

5.4.3　简单对象中添加子进程

基于影像分析的简单对象进程用于提取建筑物和建筑物形状重塑。

1. 在创建初始对象进程中添加子进程

创建初始对象进程采用了多尺度分割方法来创建 Main Level 对象层，并使用自定义的融合方法对特征相似的相邻对象进行融合（图 5-45）。

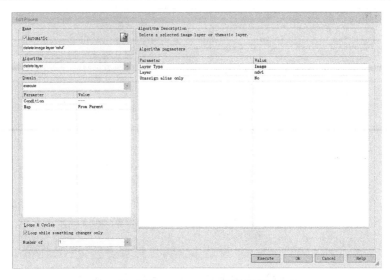

图 5-44　添加 delete layer 算法进程（三）

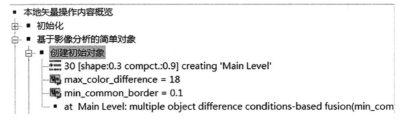

图 5-45　创建子进程

1）添加 multiresolution segmentation 算法进程

这个进程是执行多尺度分割算法，分割时考虑蓝、绿、红、近红外四个波段，不考虑矢量文件。分割的均质性尺度因子为 30，形状因子为 0.3，紧致度因子为 0.9（图 5-46）。

图 5-46　multiresolution segmentation 算法参数设置

2）添加 update variable 算法进程

该进程用于创建变量及变量初始化,执行完成后创建了一个场景变量,名称为max_color_difference,代表最大的颜色差异,给它初始化的数值为 18（图 5-47）。

图 5-47　添加 update variable 算法进程（一）

该进程用于创建变量及变量初始化，执行完成后创建了一个场景变量，名称为min_common_border，表示最小的公共边长与对象总边长的比率，给它初始化的数值为 0.1（图 5-48）。

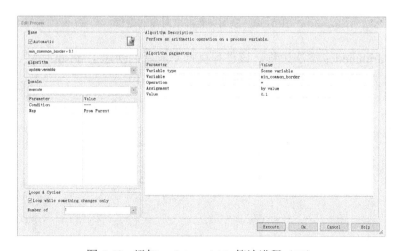

图 5-48　添加 update variable 算法进程（二）

3）添加 multiple object difference conditions-based fusion 算法进程

该进程采用自定义算法,可参考本教程的自定义算法说明小节。该进程用于合并特征相似的对象。执行完成后,Main Level 对象层上的对象会根据五个条件进行对象融合;相邻对象的公共边比率大于0.1,且蓝、绿、红和近红外这四个波段的最大差异都要小于18（图 5-49）。

图 5-49　添加 multiple object difference conditions-based fusion 算法进程

2. 在寻找具有高度的对象进程中添加子进程

寻找具有高度的对象进程利用 DSM 与 DTM 的差值来表达地物的高度，凡是具有高度值大于 1 的对象都将被提取出来（图 5-50）。

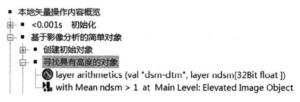

图 5-50　添加具有高度对象的进程

添加 layer arithmetics 算法进程。该进程执行完成后，创建了 ndsm 图层，该图层是通过 dsm-dtm 公式计算得到的，用于表示地物的高度（图 5-51）。

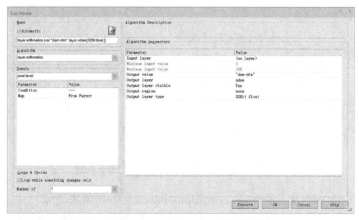

图 5-51　添加 layer arithmetics 算法进程（一）

该进程执行完成后，满足条件 ndsm 大于 1 的对象将被赋予 Elevated Image Object 类别（图 5-52）。

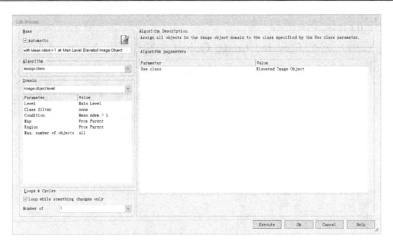

图 5-52 添加 assign class 算法进程（一）

3. 从有高度的对象中区分 Forest 和 Building 进程中添加子进程

从 Forest 和 Building 中区分有高度的对象进程用于在 Elevated Image Object 类别中区分森林（Forest）和建筑物（Building），剩余的 Elevated Image Object 类别将被赋予 unclassified 类别（图 5-53）。

图 5-53 从具有高度对象中区分 Forest 和 Building

1）添加 layer arithmetics 算法进程

执行完该进程后，将创建一个 ndvi 图层，它是通过（nir-red）/（nir+red）公式计算得到的（图 5-54）。

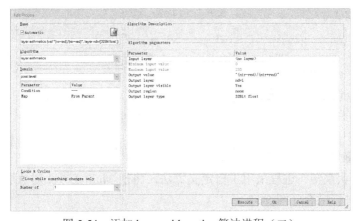

图 5-54 添加 layer arithmetics 算法进程（二）

2）添加 assign class 算法进程

执行完该进程后，将把 Elevated Image Object 类别中满足 Mean ndvi >0.2 条件的对象赋予 Forest 类别（图 5-55）。

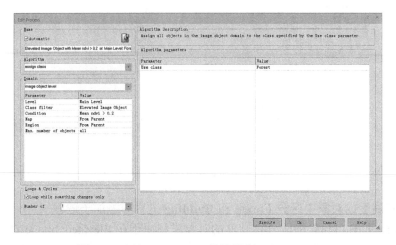

图 5-55　添加 assign class 算法进程（二）

执行完该进程后，将把 Elevated Image Object 类别中满足 Mean ndsm>2 条件的对象赋予 Building 类别（图 5-56）。

图 5-56　添加 assign class 算法进程（三）

3）添加 assign class 算法进程

执行完该进程后，将把剩余的 Elevated Image Object 类别对象赋予 unclassified 类别（图 5-57）。

4. 在建筑对象形状重塑进程中添加子进程

"建筑对象形状重塑"进程采用了自定义算法，将把 Main Level 对象层中满足合并条件的 Building 对象进行融合（图 5-58）。

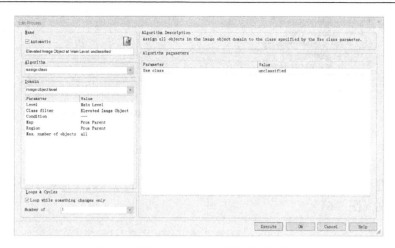

图 5-57 添加 assign class 算法进程（四）

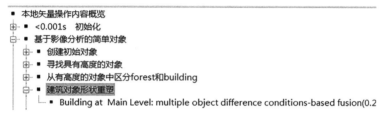

图 5-58 建筑对象形状重塑进程

执行完该进程后，将 Main Level 的 Building 类别中相邻公共边长比率大于 0.2 的对象进行融合（图 5-59）。

图 5-59 Edit Process 设置

5. 在重新分类过小和不像矩形的 Buildings 进程中添加子进程

重新分类过小和不像矩形的 Buildings 进程用于剔除不符合 Building 要求的对象（图 5-60）。

图 5-60　剔除不符合对象的 Building

执行完该进程后，将把 Building 类别中面积小于 25 平方米且矩形度小于 0.9 的对象赋予 unclassified 类别（图 5-61）。

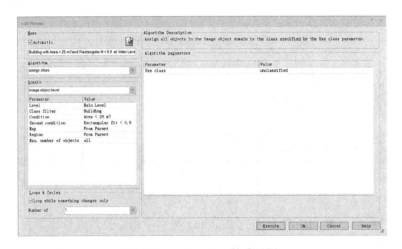

图 5-61　assign class 算法设置

6. 添加子进程

在自定义显示设置进程中添加子进程（图 5-62）。

图 5-62　自定义显示设置进程

该进程执行完成后，所有的数据浏览窗口中将显示出 R、G、B 合成的影像叠加分类结果的效果，缩放方式为适应窗口（图 5-63）。

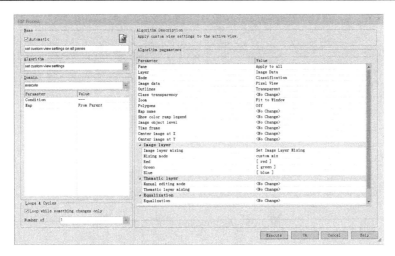

图 5-63　自定义窗口设置（一）

5.4.4　在 New Building 中添加子进程

"基于和 GIS 矢量图层的重叠关系提取 new building"进程采用了矢量属性特征，利用 Create new 'Maximum overlap[%] with thematic polygons' 特征，创建与 GIS 矢量最大覆盖度的特征（图 5-64）。

- ■ 本地矢量操作内容概览
- ⊞ ■ <0.001s　初始化
- ⊟ ■ 基于影像分析的简单对象
  - ⊞ ■ 创建初始对象
  - ⊞ ■ 寻找具有高度的对象
  - ⊞ ■ 从有高度的对象中区分forest和building
  - ⊞ ■ 建筑对象形状重塑
  - ⊞ ■ 重新分类过小和不像矩形的buildings
    - ▣ <0.001s　set custom view settings on all panes
- ⊟ ■ 基于和GIS矢量图层的重叠关系提取new building
    - ▣ Building with Max overlap [%]: GIS < 25 at Main Level: New Building

图 5-64　基于和 GIS 矢量图层的重叠关系提取 new building 进程

该进程执行完成后，Main Level 上的 Building 类别中，满足 Maximum overlap[%] with thematic polygons<25 条件的对象将被赋予 New Building 类别（图 5-65～图 5-67）。

5.4.5　在矢量图层中添加子进程

利用 convert image objects to vector objects 算法将 Forest 和 New Building 对象转化为一个矢量图层进程用于将满足条件的对象转化为矢量（图 5-68）。

执行完该进程后，Main Level 对象层中的 Forest 和 New Building 类别的对象将转为矢量图层，名称为 obia_objects，该矢量图层为 Polygon 类型，且带有类名属性。选择属性时，可以在 Feature 的 Value 栏中单击省略号按钮，从 Search Feature 中，选择 Relations to Classification→Class Name→Create new 'Class name'，将 Class_name 特征添加到 Attributes 中（图 5-69 和图 5-70）。

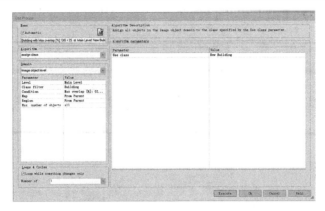

图 5-65　assign class 设置（一）

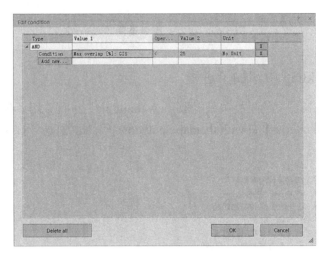

图 5-66　assign class 设置（二）

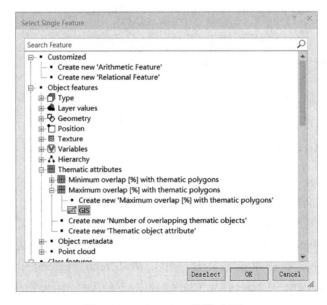

图 5-67　assign class 设置（三）

■ 本地矢量操作内容概览
⊞ ■ <0.001s　初始化
⊟ ■ 基于影像分析的简单对象
　　⊞ ■ 创建初始对象
　　⊞ ■ 寻找具有高度的对象
　　⊞ ■ 从有高度的对象中区分forest和building
　　⊞ ■ 建筑对象形状重塑
　　⊞ ■ 重新分类过小和不像矩形的buildings
　　　　 <0.001s　set custom view settings on all panes
⊞ ■ 基于和GIS矢量图层的重叠关系提取new building
⊟ ■ forest和new building对象转化为一个矢量图层
　　　　 Forest, New Building at Main Level: convert image objects to 'Polygon' on layer 'd

图 5-68　forest 和 new building 对象转化为一个矢量图层进程

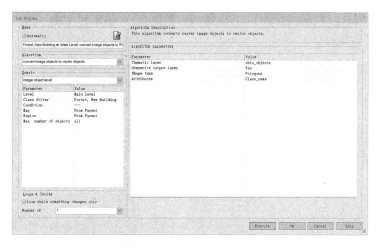

图 5-69　转换影像对象到矢量图层设置（一）

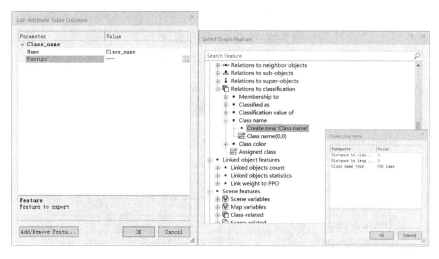

图 5-70　转换影像对象到矢量图层设置（二）

5.4.6　在矢量结果和输入的 GIS 图层中添加子进程

　　"显示第一个矢量结果和输入的 GIS 图层"进程用于调整数据浏览窗口中的显示效果
（图 5-71）。

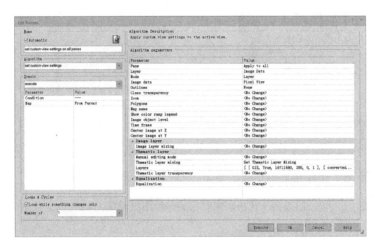

图 5-71　在"显示第一个矢量结果和输入的 GIS 图层"进程中添加子进程

执行完该进程后，数据浏览窗口中将显示出影像叠加 GIS 和 obia_objects 矢量图层的效果（图 5-72～图 5-74）。

图 5-72　自定义窗口设置（二）

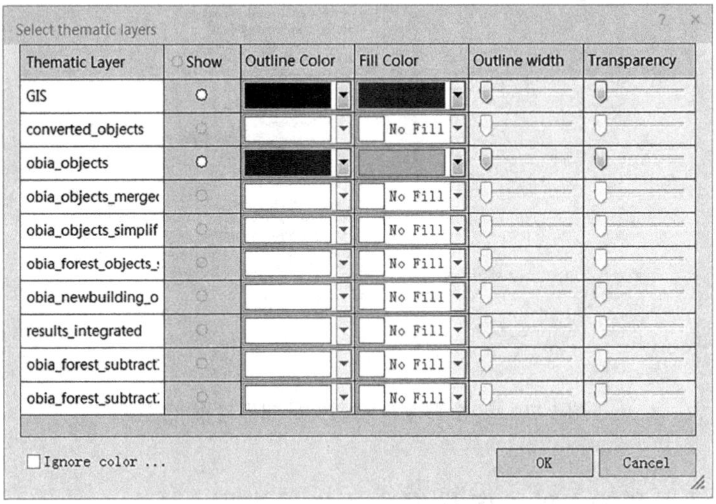

图 5-73　图层叠加设置

图 5-74　结果显示　　　　　　　　图 5-75　在合并 forest 矢量对象进程中添加子进程

5.4.7　在 Forest 矢量对象中添加子进程

"合并 forest 矢量对象"进程用于实现矢量的融合（图 5-75）。

1）矢量融合

该进程完成之后，基于 Class_name 属性在 obia_objects 矢量图层上进行矢量融合，融合后的矢量名称为 obia_objects_merged（图 5-76）。

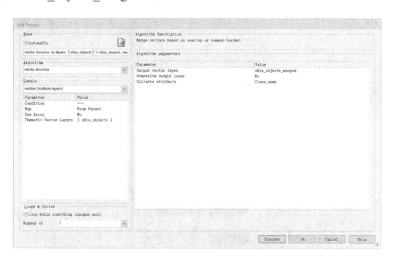

图 5-76　vector dissolve 参数设置

2）删除矢量图层

执行完该进程后，名为 obia_objects 的矢量图层将被删除（图 5-77）。

3）设置自定义视图参数

执行完该进程之后，数据浏览窗口中将显示出影像叠加 GIS 和 obia_objects_merged 矢量图层的效果（图 5-78～图 5-80）。

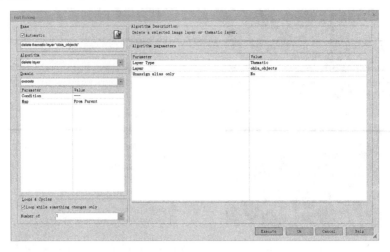

图 5-77　delete layer 参数设置（一）

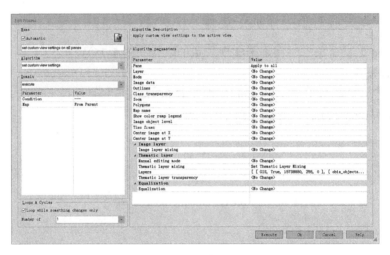

图 5-78　自定义浏览窗口设置（一）

Thematic Layer	Show	Outline Color	Fill Color	Outline width	Transparency
GIS	O				
obia_objects	O		No Fill		
obia_objects_merge	O				
obia_objects_simplif	O		No Fill		
obia_forest_objects_	O		No Fill		
obia_newbuilding_o	O		No Fill		
results_integrated	O		No Fill		
obia_forest_subtract	O		No Fill		
obia_forest_subtract	O		No Fill		
converted_objects	O		No Fill		

☐ Ignore color ...　　　　　　　　OK　　Cancel

图 5-79　自定义浏览窗口设置（二）

■ 本地矢量操作内容概览
⊞ ■ <0.001s 初始化
⊞ ■ 基于影像分析的简单对象
⊞ ■ 基于和GIS矢量图层的重叠关系提取new building
⊞ ■ forest和new building对象转化为一个矢量图层
⊟ ■ 显示第一个矢量结果和输入的GIS图层
　　🗔 0.016 set custom view settings on all panes
⊞ ■ 合并forest矢量对象
⊟ ■ 简化forest和new building矢量
　　🗗 vector simplification: max distance=0.4: layer 'obia_objects_merge
　　🗔 set custom view settings on all panes

图 5-80 结果展示　　　　　　　　图 5-81 简化矢量文件

5.4.8 在 Forest 和 New Building 矢量中添加子进程

"简化 forest 和 new building 矢量"进程用于实现对矢量文件节点的抽稀功能（图 5-81）。

1）矢量简化

该进程执行完成后，基于节点与弧段的最大距离不超过 0.4 的简化条件，使 obia_objects_merged 矢量简化为 obia_objects_simplified（图 5-82）。

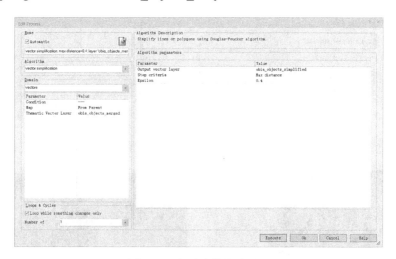

图 5-82 矢量文件简化设置

2）设置自定义视图参数

该进程执行完成后，在所有的数据浏览窗口中将显示出影像叠加 GIS、obia_objects_merged 和 obia_objects_simplified 矢量图层的效果（图 5-83～图 5-85）。

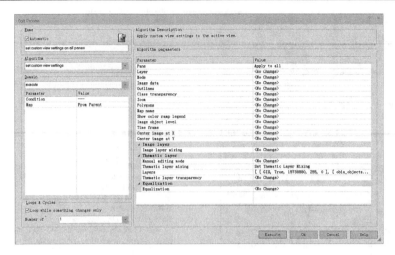

图 5-83　自定义浏览窗口设置（三）

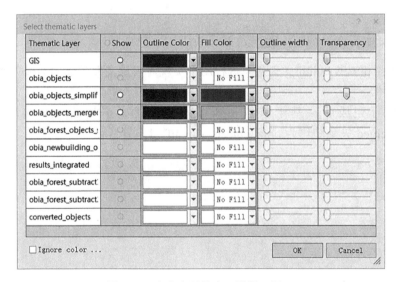

图 5-84　自定义浏览窗口设置（四）

（a）简化前　　　　　　　　　　　　　　　　（b）简化后

图 5-85　简化前后对比

5.4.9　在平滑 Forest 矢量中添加子进程

"平滑 forest 矢量对象" 进程用于实现对矢量的平滑效果（图 5-86）。

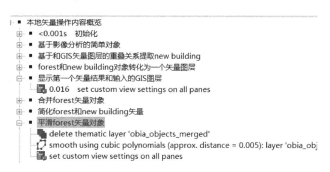

图 5-86　平滑 forest 矢量对象进程

1）删除矢量图层

执行完该进程后，矢量图层 obia_objects_merged 将被删除（图 5-87）。

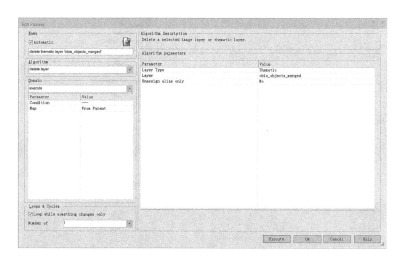

图 5-87　矢量图层删除

2）平滑矢量图层

执行完该进程后，将对 obia_objects_simplified 矢量图层中类别名称为 Forest 的多边形采用基于三次多项式的方法进行平滑，近似容差设为 0.005，得到的平滑后的矢量图层命名为 obia_forest_objects_smoothed（图 5-88 和图 5-89）。

3）设置自定义视图窗口

执行完该进程之后，所有的数据浏览窗口中将显示出影像叠加 GIS、obia_objects_ simplified 和 obia_forest_objects_smoothed（图 5-90～图 5-92）。

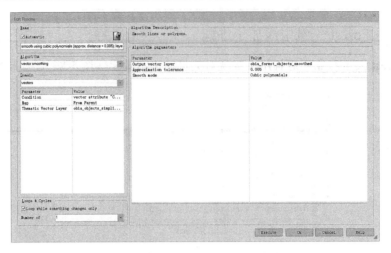

图 5-88　矢量文件平滑参数设置（一）

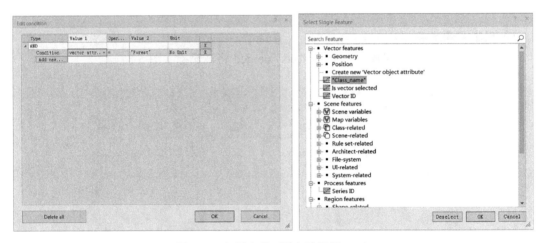

图 5-89　矢量文件平滑参数设置（二）

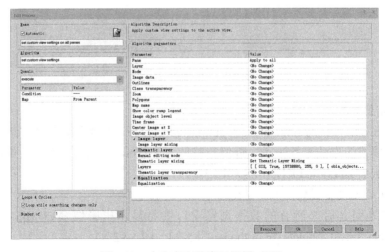

图 5-90　自定义浏览窗口设置（五）

Select thematic layers
Thematic Layer
Show
Outline Color
Fill Color
Outline width
Transparency
GIS
obia_objects
obia_forest_objects_:
obia_objects_simplif
obia_objects_merge(
obia_newbuilding_o
results_integrated
obia_forest_subtract
obia_forest_subtract.
converted_objects
No Fill
Ignore color ...
OK
Cancel

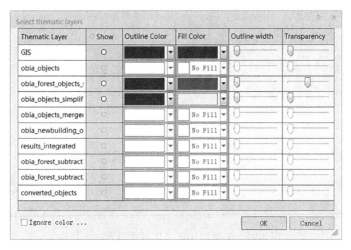

图 5-91 自定义浏览窗口设置（六）

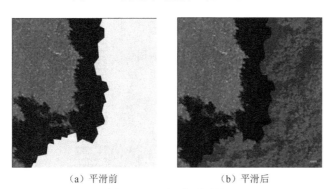

（a）平滑前 （b）平滑后

图 5-92 平滑前后对比

5.4.10 在正交化 New Building 中添加子进程

“正交化 new building 矢量对象”进程用于实现对象的形状调整，使其边缘直线化，拐角直角化（图 5-93）。

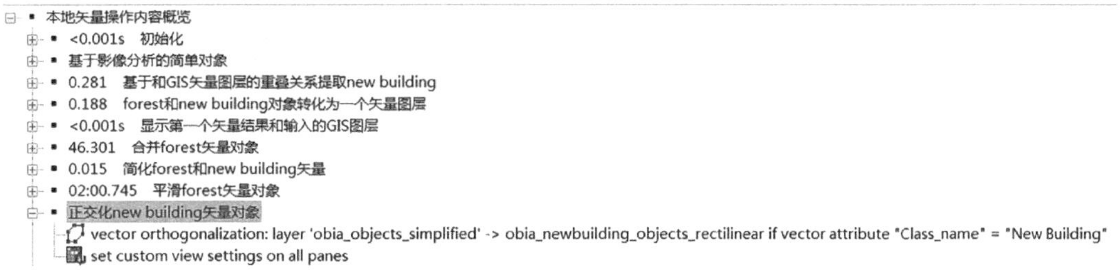

本地矢量操作内容概览
<0.001s 初始化
基于影像分析的简单对象
0.281 基于和GIS矢量图层的重叠关系提取new building
0.188 forest和new building对象转化为一个矢量图层
<0.001s 显示第一个矢量结果和输入的GIS图层
46.301 合并forest矢量对象
0.015 简化forest和new building矢量
02:00.745 平滑forest矢量对象
正交化new building矢量对象
vector orthogonalization: layer 'obia_objects_simplified' -> obia_newbuilding_objects_rectilinear if vector attribute "Class_name" = "New Building"
set custom view settings on all panes

图 5-93 在正交化 new building 矢量对象进程中添加子进程

1）矢量正交化

该进程执行完成后，对 obia_objects_simplified 矢量图层中类别名称为 New Building 的对象进行了正交化处理，输出的矢量图层名称为 obia_newbuilding_objects_rectilinear。定义的棋盘边长大小为 20 个像素，融合阈值为 0.3（图 5-94 和图 5-95）。

图 5-94　矢量图层正交化参数设置（一）

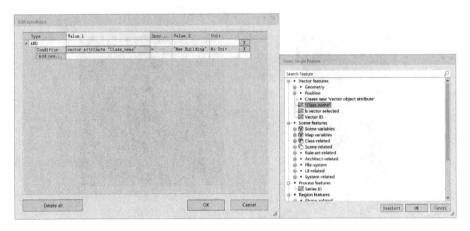

图 5-95　矢量图层正交化参数设置（二）

2）设置自定义视图窗口

进程执行后，所有的数据浏览窗口将显示出影像叠加 GIS、obia_newbuilding_ objects_ rectilinear、obia_forest_objects_smoothed、obia_objects_ simplified 矢量图层（图 5-96～图 5-98）。

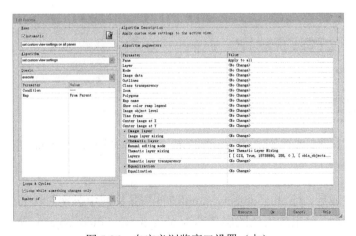

图 5-96　自定义浏览窗口设置（七）

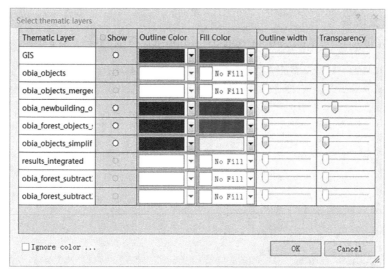

图 5-97　自定义浏览窗口设置（八）

（a）正交化前　　　　　　　　　　　　　　（b）正交化后

图 5-98　正交化前后对比

5.4.11　裁剪后，在 Forest 中添加子进程

"从 forest 矢量对象中减去 building 区域"进程用于实现对 Forest 矢量的裁剪（图 5-99）。

图 5-99　在从 forest 矢量对象中减去 building 区域进程中添加子进程

1）删除矢量图层

进程执行完成后，矢量图层 obia_objects_simplified 将被删除（图 5-100）。

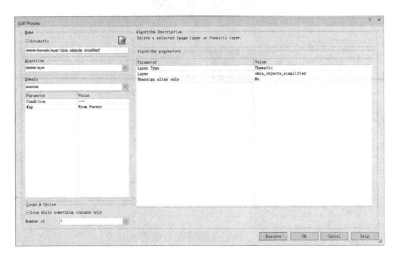

图 5-100　矢量图层删除设置

2）矢量图层布尔操作

进程执行后，obia_forest_objects_smoothed 矢量图层将被 GIS 矢量图层裁剪，最终得到 obia_forest_subtract1 矢量图层（图 5-101）。

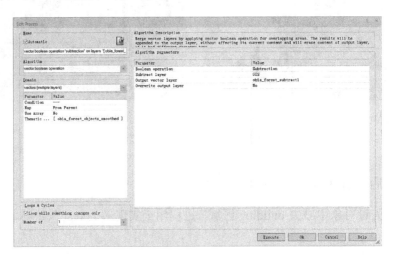

图 5-101　矢量图层布尔操作设置（一）

进程执行后，obia_forest_subtract1 矢量图层将被 obia_newbuilding_objects_rectilinear 矢量图层裁剪，最终得到 obia_forest_subtract2 矢量图层（图 5-102）。

3）设置自定义视图窗口

进程执行后，所有的数据浏览窗口将显示出影像叠加 GIS、obia_newbuilding_objects_rectilinear 和 obia_forest_subtract2 矢量图层（图 5-103～图 5-106）。

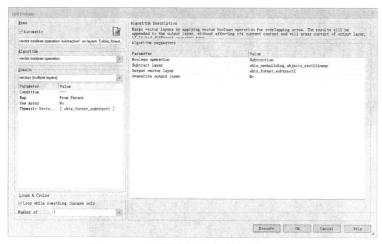

图 5-102 矢量图层布尔操作设置（二）

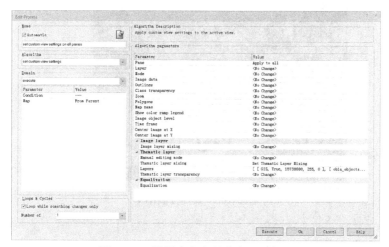

图 5-103 设置自定义浏览窗口（九）

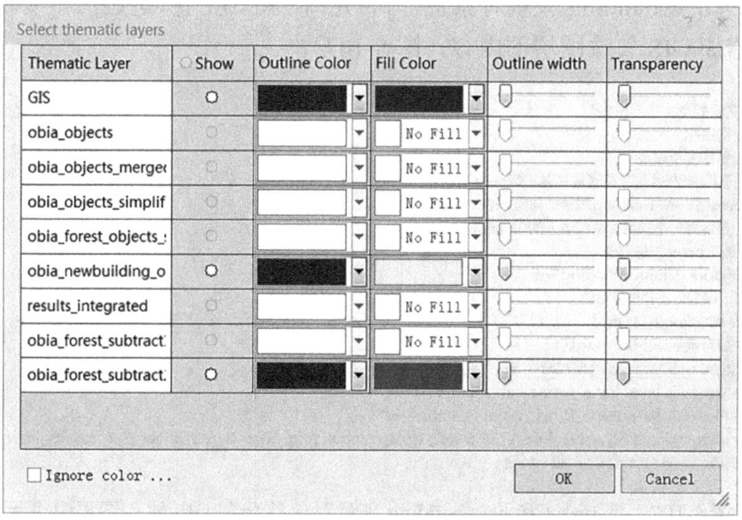

Thematic Layer	Show	Outline Color	Fill Color	Outline width	Transparency
GIS	○				
obia_objects	○		No Fill		
obia_objects_merged	○		No Fill		
obia_objects_simplif	○		No Fill		
obia_forest_objects_	○		No Fill		
obia_newbuilding_o	○				
results_integrated	○		No Fill		
obia_forest_subtract	○		No Fill		
obia_forest_subtract.	○				

☐ Ignore color ... OK Cancel

图 5-104 设置自定义浏览窗口（十）

（a）未被裁剪　　　　（b）第一次裁剪后　　　　（c）第二次裁剪后

图 5-105　裁剪结果

图 5-106　最终分类结果

5.4.12　在 GIS 输入图层中添加子进程

"把 forest 和 new building 矢量对象整合到 GIS 输入图层中"进程用于实现 GIS 矢量图层的合并操作，增加 GIS 矢量图层的内容（图 5-107）。

图 5-107　把 forest 和 new building 矢量对象整合到 GIS 输入图层中进程

1）删除矢量图层

进程执行后，矢量图层 obia_forest_substract1 将被删除（图 5-108）。

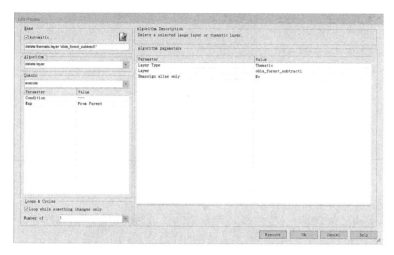

图 5-108　delete layer 参数设置（二）

进程执行后，矢量图层 obia_forest_objects_smoothed 将被删除（图 5-109）。

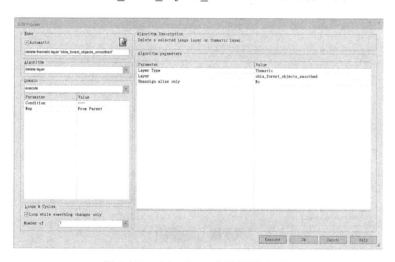

图 5-109　delete layer 参数设置（三）

2）矢量对象整合

进程执行后，GIS、obia_newbuilding_objects_rectilinear 和 obia_forest_subtract2 这三个矢量图层将整合到一个矢量中，选择 GIS、obia_newbuilding_objects_rectilinear 这两个矢量作为固定矢量，采用捕捉的方法，在 0.6m 的捕捉距离范围内，将 obia_forest_subtract2 矢量整合进来，得到的矢量图层为 results_integrated（图 5-110）。

3）设置自定义浏览窗口

进程执行后，所有的数据浏览窗口将显示出影像叠加 GIS、results_integrated、obia_newbuilding_objects_rectilinear 和 obia_forest_subtract2 矢量图层的叠加效果（图 5-111～图 5-113）。

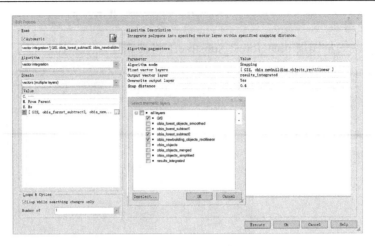

图 5-110　矢量图层整合

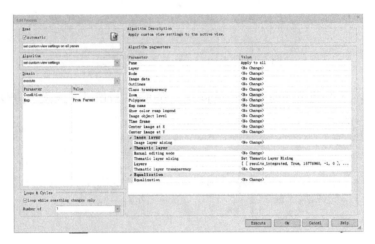

图 5-111　自定义浏览窗口设置（十一）

Thematic Layer	Show	Outline Color	Fill Color	Outline width	Transparency
results_integrated	○		No Fill		
GIS	○				
obia_objects	○		No Fill		
obia_objects_merge	○		No Fill		
obia_objects_simplif	○		No Fill		
obia_forest_objects_	○				
obia_newbuilding_o	○				
obia_forest_subtract	○		No Fill		
obia_forest_subtract	○				

☐ Ignore color ...　　　　　OK　　Cancel

图 5-112　自定义浏览窗口设置（十二）

（a）整合前　　　　　　　　　　　（b）整合后

图 5-113　整合前后对比

5.4.13　在删除 Image Object Level 中添加子进程

"显示矢量结果并删除 image object level"进程用于最终分析结果的显示，以及已有对象层的清理（图 5-114）。

- 本地矢量操作内容概览
  - ⊞ ▪ <0.001s　初始化
  - ⊞ ▪ 基于影像分析的简单对象
  - ⊞ ▪ 0.281　基于和GIS矢量图层的重叠关系提取new building
  - ⊞ ▪ 0.188　forest和new building对象转化为一个矢量图层
  - ⊞ ▪ <0.001s　显示第一个矢量结果和输入的GIS图层
  - ⊞ ▪ 46.301　合并forest矢量对象
  - ⊞ ▪ 0.015　简化forest和new building矢量
  - ⊞ ▪ 02:00.745　平滑forest矢量对象
  - ⊞ ▪ 正交化new building矢量对象
  - ⊞ ▪ 从forest矢量对象中减去building区域
  - ⊞ ▪ 把forest和new building矢量对象整合到GIS输入图层中
  - ⊟ ▪ 显示矢量结果并删除image object level
    - delete thematic layer 'obia_newbuilding_objects_rectilinear'
    - delete thematic layer 'obia_forest_subtract2'
    - set custom view settings on all panes
    - delete 'Main Level'

图 5-114　在显示矢量结果并删除 image object level 进程中添加子进程

1）矢量图层删除

进程执行后，矢量图层 obia_newbuilding_objects_rectilinear 将被删除（图 5-115）。

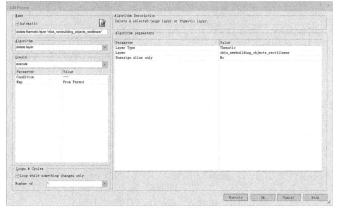

图 5-115　delete layer 参数设置（四）

进程执行后，矢量图层 obia_forest_subtract2 将被删除（图 5-116）。

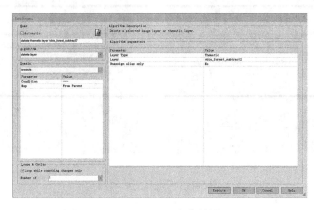

图 5-116　delete layer 参数设置（五）

2）设置自定义窗口参数

进程执行后，所有数据浏览窗口中将显示出影像叠加 results_integrated 矢量图层的效果（图 5-117～图 5-119）。

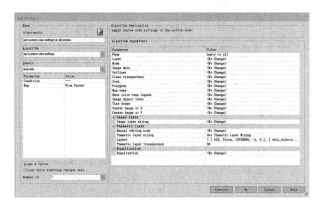

图 5-117　自定义浏览窗口设置（十三）

Thematic Layer	Show	Outline Color	Fill Color	Outline width	Transparency
GIS	○		No Fill		
obia_objects	○		No Fill		
obia_objects_merged	○		No Fill		
obia_objects_simplif	○		No Fill		
obia_forest_objects_	○		No Fill		
obia_newbuilding_o	○		No Fill		
results_integrated	○				
obia_forest_subtract	○		No Fill		
obia_forest_subtract	○		No Fill		

☐ Ignore color ...　　　　　　　　　　OK　　Cancel

图 5-118　自定义浏览窗口设置（十四）

图 5-119　结果展示

3）删除 image object level

进程执行后，Main Level 对象层将被删除（图 5-120）。

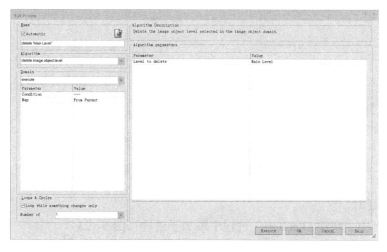

图 5-120　Main Level 对象层删除参数设置

5.4.14　在最终矢量图层中添加子进程

"导出最终的（已有的）矢量图层"进程用于将临时的矢量图层导出到存储路径中。

1）在导出为 Shapefile 进程中添加子进程

在导出为 Shapefile 进程中添加子进程（图 5-121）。

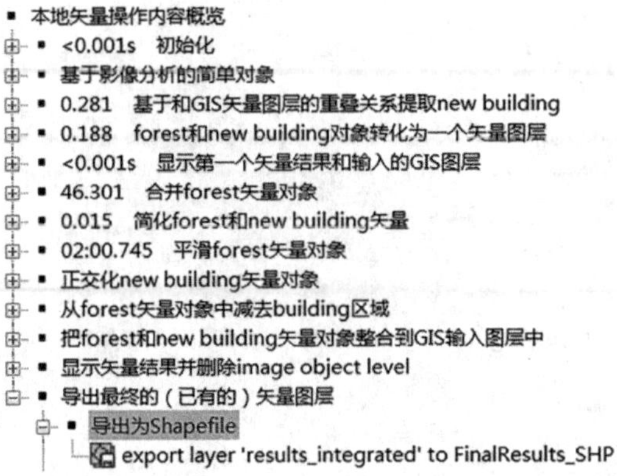

本地矢量操作内容概览
<0.001s 初始化
基于影像分析的简单对象
0.281 基于和GIS矢量图层的重叠关系提取new building
0.188 forest和new building对象转化为一个矢量图层
<0.001s 显示第一个矢量结果和输入的GIS图层
46.301 合并forest矢量对象
0.015 简化forest和new building矢量
02:00.745 平滑forest矢量对象
正交化new building矢量对象
从forest矢量对象中减去building区域
把forest和new building矢量对象整合到GIS输入图层中
显示矢量结果并删除image object level
导出最终的（已有的）矢量图层
导出为Shapefile
export layer 'results_integrated' to FinalResults_SHP

图 5-121 在导出为 Shapefile 进程中添加子进程

进程执行后，results_integrated 矢量图层就输出到数据所在路径中的 results 文件夹里。命名为 FinalResults_SHP（图 5-122）。

Name
Automatic
export layer 'results_integrated' to FinalResults_SHP
Algorithm
export existing vector layer
Domain
execute
Parameter Value
Condition
Map From Parent
Algorithm Description
Export thematic vector layer to a file.
Algorithm parameters
Parameter Value
Export mode Static export item
Export item name FinalResults_SHP
Export path {:Workspc.OutputRoot}\results\{:Item.Name}_{:Project.Name}.{:Ext}
Export series No
Thematic layer results_integrated
Default File Format Shapefile (*.shp)
Loops & Cycles
Loop while something changes only
Number of 1
Execute
Ok
Cancel
Help

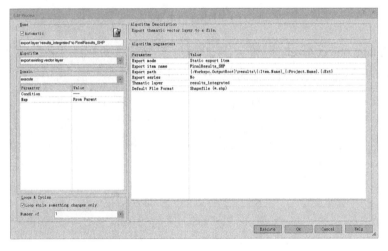

图 5-122 矢量图层输出设置

2）添加子进程

在“导出到一个新的 FileGDB”进程中添加子进程（图 5-123）。

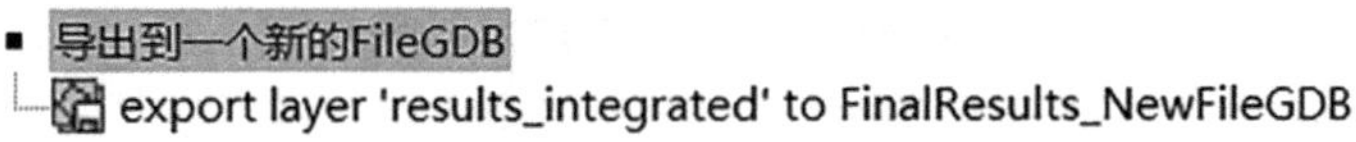

导出到一个新的FileGDB
export layer 'results_integrated' to FinalResults_NewFileGDB

图 5-123 在导出到一个新的 FileGDB 进程中添加子进程

进程执行后，results_integrated 矢量图层将以 gdb 格式输出到数据所在路径中的 results 文件夹中，命名为 FinalResults_NewFileGDB.gdb 的文件中去，这是一个新的 FileGDB（图 5-124）。

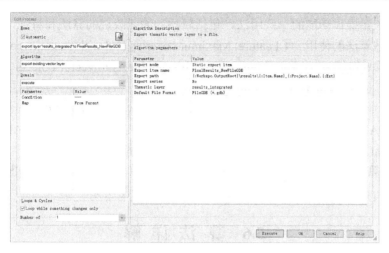

图 5-124　输出矢量数据参数设置

3）在导出到一个已有的 FileGDB 进程中添加子进程

在导出到一个已有的 FileGDB 进程中添加子进程（图 5-125）。

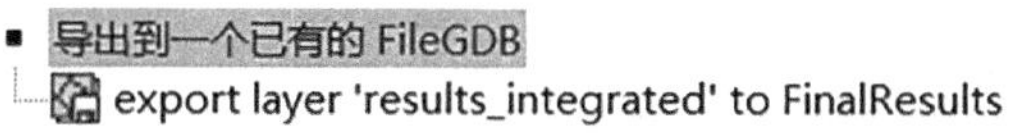

- 导出到一个已有的 FileGDB
  - export layer 'results_integrated' to FinalResults

图 5-125　在导出到一个已有的 FileGDB 进程中添加子进程

进程执行后，results_integrated 矢量图层将以 gdb 格式输出到数据所在路径中已有的文件 FileGDB.gdb 中去（图 5-126）。

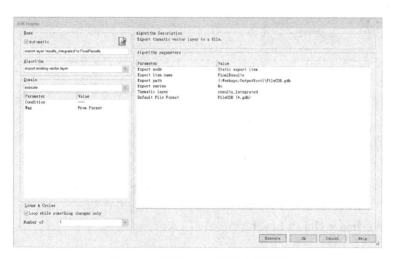

图 5-126　输出 GDB 数据参数设置

5.5　案 例 总 结

本案例重点讲解了建筑物和森林的提取方法、流程及相关算法。详细介绍了 eCognition

软件中的本地矢量操作功能的一些用法，包括新添加的或改进的算法和特征，读者可以结合教程来掌握这些算法的使用。①Feature: Maximum overlap [%] with thematic polygons（与多边形的最大重叠率%特征）。②Algorithm: convert image objects to vector objects（把对象转化为矢量图层算法）。③Algorithm: set custom view settings（显示 GIS 矢量图层算法）。④Algorithm: vector dissolve（合并 GIS 矢量对象算法）。⑤Algorithm: vector simplification（简化 GIS 矢量图层算法）。⑥Algorithm: vector smoothing（平滑 GIS 矢量图层算法）。⑦Algorithm: vector orthogonalization（重塑建筑物对象形状算法）。⑧Algorithm: vector boolean operation（联合 GIS 矢量图层算法）。⑨Algorithm: vector integration （联合输入/结果 GIS 图层算法）。⑩Algorithm: export existing vector layer（导出已有的矢量图层算法）。

5.6　算 法 详 解

1. Set Rule Set Options
关于 Set Rule Set Options 算法详解，请参考第 4 章 4.6 节算法详解第 1 小节内容。

2. Set Custom View Settings
关于 Set Custom View Settings 算法详解，请参考第 4 章 4.6 节算法详解第 3 小节内容。

3. Delete Image Object Level
删除作用域中所选的影像对象层（图 5-127）。

图 5-127　删除作用域中所选的影像对象设置

可选择的域：Image Object Level。

4. Delete Layer
关于 Delete Layer 算法详解，请参考第 4 章 4.6 节算法详解第 7 小节内容。

5. Multiresolution Segmentation
多尺度分割算法局部减少了给定分辨率影像对象的平均异质性。这个算法可以在已有的影像对象层或像素层上执行，在一个新的影像对象层上创建新的影像对象（图 5-128）。

图 5-128 多尺度分割的结果（scale 10，shape 0.1，compactness 0.5）

多尺度分割算法连续融合了像素或已有的影像对象，因此它是一个基于成对区域融合技术自底向上的分割算法。多尺度分割是一个优化过程，它可以对给定的影像对象数量减少平均异质性并增大各自的同质性。

这个分割过程是根据以下要求运行的，代表了一个相互的最优拟合方法（图 5-129～图 5-132）：①分割过程从一个像素的单个影像对象开始，在几个循环中重复地把单个影像对象成对融合，直到达到局部的同质性阈值上限。这个同质性条件通过光谱同质性和形状同质性一起定义。读者可以通过修改这个尺度参数来影响计算。更高的尺度参数值可以得到更大的影像对象，更小的尺度参数值可以得到更小的影像对象。②作为过程的第一步，种子要寻找

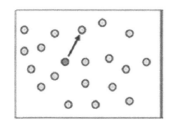

图 5-129 相邻对象图像融合（一）
每个影像对象使用同质条件来
决定和哪个相邻对象进行融合

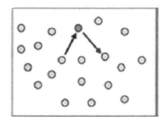

图 5-130 相邻对象图像融合（二）
如果第一个影像对象的最佳相邻对象（红）没有把第一个影像
对象（灰）作为最佳的相邻对象，算法将移动（红箭头）到第
二个影像对象去找最佳的相邻对象

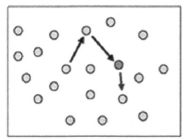
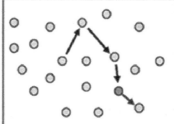
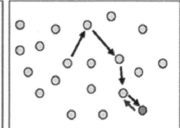

图 5-131 最佳图像融合（一）
重复进行分支到分支的跳跃，直到找到最佳的相互拟合伙伴

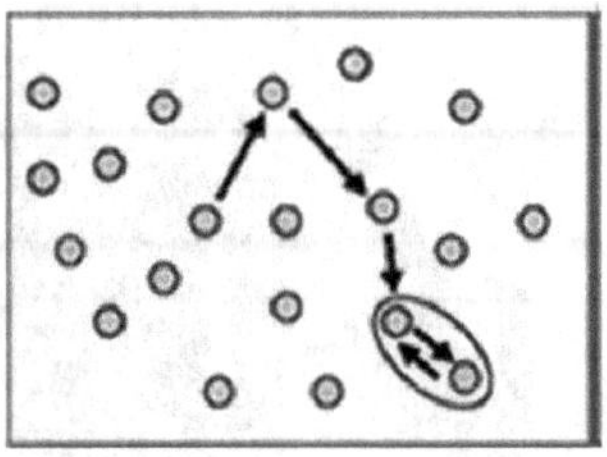

图 5-132 最佳图像融合（二）

如果新影像对象的同质性没有超过尺度参数，那么将融合两个伙伴影像对象

最佳拟合的相邻像素，作进一步融合。③如果最佳拟合不是相互的，最好的候选影像对象要成为新的种子影像对象，并找到最好的拟合伙伴。④当最佳拟合是相互的时候，影像对象将会融合。⑤在每个循环中，影像对象层中的每个影像对象将被处理一次。⑥循环直到不会有进一步的融合为止。

这个过程继续到另一个影像对象的最佳相邻对象。在不违背影像对象允许的最大同质性条件下，该过程将一直迭代，直到不能实现进一步的影像对象融合为止。

在给定的影像对象平均大小条件下，多尺度分割在任何应用领域都会产生好的抽象和塑形结果。然而，它有更高的内存需求，与其他分割技术相比，执行速度显著降低，因此并非一直都是最好的选择。

1）可选择的域

Pixel level; Image Object Level。

2）层设置（Level Settings）

（1）层名（Level Name）。层名栏允许读者定义新的影像对象层名称。它只能在用算法创建新的影像对象层的时候可用。创建一个新的影像对象层，要使用进程对话框中的 Pixel Level 域，或者把 Level Usage 参数设置为 Create Above 或 Create Below。

（2）覆盖已有的层（Overwrite Existing Level）。这个参数仅在选择了 Pixel Level 时可用。它允许读者自动删除 Pixel Level 上已有的影像对象层，并使用分割创建的新层来取代。

（3）层用法（Level Usage）。从下拉列表中选择一种可用的模式。该算法是基于域所制定的影像对象层的模式进行应用。如果在 Edit Process 对话框中选择了 Pixel level 作为域，这个参数是不可见的。可用模式有：①Use Current 是在已有的影像对象层上使用多尺度分割算法，对象根据算法设置进行合并和分裂。②Use Current（Merge Only）是在已有的影像对象层上应用多尺度分割算法，对象只能被合并。通常这种模式是与逐步增长的尺度参数一起使用。③Create Above 是把影像对象层复制后，作为父对象（super objects）。④Create Below 是把影像对象层复制后，作为子对象（sub objects）。

3）分割设置（Segmentation Settings）

分割设置如图 5-133 所示。

（1）影像图层权重（Image Layer Weights）。影像图层可以根据它们对分割结果的重要性或适用性进行权重配置。一个影像图层的权重越高，在分割过程中，分配给该图层像素信息的权重就越高。因此，有些影像图层没有可被影像对象表现的信息，故影像图层给予较小权重或权重为 0。例如，当使用多尺度分割或光谱差异分割一景地理学的 Landsat 影像时，分辨率较低的热波段图层的权重应该设为 0，从而避免该图层上影像对象之间的模糊瞬间现象导致的分割效果变差。在算法参数区域，扩展影像图层权重列表，并设置算法涉及的影像图层权重。选择一个影像图层并编辑各自的权重数值。或者读者可以在影像图层权重参数的数值栏中输入权重，用英文逗号隔开，如 0,0,1。读者还可以使用一个变量作为图层权重。

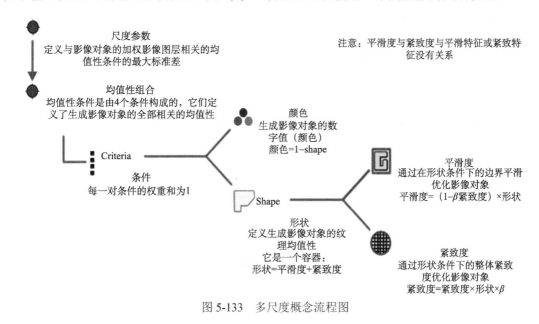

图 5-133　多尺度概念流程图

（2）兼容模式（Compatibility Mode）。与之前软件版本（eCognition8.64 或更早）的兼容模式设置，可单击影像图层权重参数的数值栏中的省略号按钮，打开另一个影像图层权重窗口，在里面设置（Domain 选择 image object level，Parameter Level Usage 选择 Create Below）。

（3）矢量图层使用（Thematic Layer Usage）。把专题图层指定为分割的候选项。当可一直使用它的专题信息时，每一个用于分割的专题图层将会导致影像对象额外的分裂。读者可以使用不止一个专题图层对一个影像进行分割，结果就是影像对象表示矢量图层之间适当的交集部分。

（4）尺度参数（Scale Parameter）。尺度参数是一个抽象术语，它决定了生成的影像对象异质性允许的最大值。对于异质性数据，按照给定的尺度参数得到的对象将比同质性更强的数据上得到的对象更小。通过修改尺度参数数值，读者可以改变影像对象的大小。

说明：常常按照能够区分不同影像区域（区域尽可能的大且满足精细化要求）的最大可能尺度来产生影像对象。由于分类实现了均衡化，有一个容差涉及了表示相同类别区域的影像对象的尺度。不同区域的差别比影像对象的尺度更重要。

4）同质性条件组合（Composition of Homogeneity Criterion）

尺度参数所指的对象同质性是通过同质性条件组合栏定义的。在这种情况下，同质性与最小化异质性含义相同。内部计算了三个条件：颜色、平滑度和紧致度。尽管这三个异质性条件可以有许多使用方式，但是在大多数情况下，颜色条件是创建有意义对象时最重要的条件。然而一定程度的形状同质性通常能够改善对象提取的质量，因为空间对象的紧致度与图像形状的概念相关。因此，形状条件尤其有助于在强纹理的数据（如雷达数据）上避免得到过于破碎的影像对象。

（1）形状（Shape）。Shape 栏中的数值修改了形状和颜色条件之间的关系，通过修改形状条件，读者可以定义颜色条件（颜色=1–形状）。实际上，通过降低 Shape 栏分配的数值，读者可以定义影像图层的光谱值对整个同质性条件的百分比，这个权重与 Shape 栏中定义的形状同质性所占百分比是互补的。

把形状条件的权重改为1将导致对象在空间同质性上更优化。然而，形状条件的数值不能比 0.9 大，因为事实是，如果没有影像光谱信息，得到的对象将与光谱信息根本无关。滑动条用来调整用于分割的颜色和形状数值。

除了光谱信息，对象同质性会根据有紧致度参数定义的对象形状进行优化。

（2）紧致度（Compactness）。紧致度条件用于根据紧致度来优化影像对象。这个条件用于不同的影像对象十分紧凑但仅靠很弱的光谱对比性与不紧致的对象相区别的情况下。读者可使用滑动栏调整用于分割的紧致度。

6. Update Variable

在一个过程变量上执行数学运算（图 5-134）。

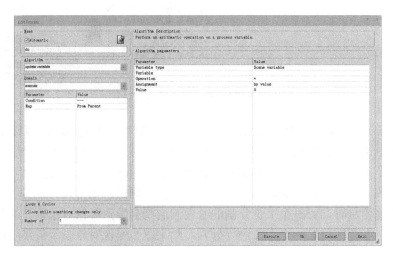

图 5-134　更新过程变量设置

1）可选择的域

Execute; Image Object Level; Current Image Object; Neighbor Image Object; Super Object; Sub Objects; Linked Objects; Image Object List; Array。

2）算法参数

（1）变量类别（Variable type）。Object，Scene，Feature，Class，Level，Image Layer，Thematic Layer，或 Map variables 都可能选作变量类别。根据 Variable type 栏中所选的变量类别选择变量分配。为了选择一个变量分配，单击该栏，如表 5-1 所示，根据变量类型完成操作。

（2）变量（Variable）。选择一个已有的变量或输入一个名字用于创建一个新变量。如果读者还没有创建变量，会打开 Create Variable 对话框。在这个栏中只有 Scene variables（场景变量）可以使用。

表 5-1　变量类型操作

变量类型	描述说明
对象变量（Object variables）	使用下拉箭头打开 Select Single Feature（选择单个特征）对话框，并选择一个特征或创建一个新的特征变量
场景变量（Scene variables）	使用下拉箭头打开 Select Single Feature（选择单个特征）对话框，并选择一个特征或创建一个新的特征变量
map 变量（Map variables）	选择读者想用于更新操作的 map 值
map 名字变量（Map Name variables）	选择读者想用于更新操作的 map 名字
特征变量（Feature variables）	使用省略号按钮打开选择单个特征（Select Single Feature）对话框，并选择一个特征或创建一个新的特征变量
类别变量（Class variables）	使用下拉箭头从已有的类别中选择或创建一个新类别
层变量（Level variables）	使用下拉箭头从已有的层中选择
影像图层变量（Image Layer variables）	选择读者想用于更新操作的影像图层
专题图层变量（Thematic Layer variables）	选择读者想用于更新操作的专题图层

（3）运算（Operation）。该栏仅在选择对象变量或场景变量时显示。从表 5-2 的数学运算中选择一个。

（4）分配（Assignment）。如果选择了场景变量（Scene variables）或对象变量（Object variables），读者可以分配一个数值或者一个特征，这个设置可以激活或不激活剩余的参数。如果读者选择了影像图层变量（Image Layer variables）或专题图层变量（Thematic Layer variables），读者可以分配一个图层或一个索引。

表 5-2　运算操作描述

数值	描述
=	分配一个数值
+=	增加一个数值
_ =	减少一个数值
×=	乘以一个数值
/=	除以一个数值

（5）数值（Value）。该栏仅在选择场景变量（Scene variables）或对象变量（Object variables）时显示。如果读者已经选择了用数值分配（assign by value），则可以输入一个数值或一个变量。如果输入文本要使用引号，该栏中的数字值或所选的变量将用于更新运算。

（6）特征（Feature）。该栏仅在选择场景变量（Scene variables）或对象变量（Object variables）时显示。如果读者已经选择了用特征分配（assign by feature），当前影像对象的特征值将用于更新操作。

（7）对比单位（Comparison Unit）。该栏仅在选择场景变量（Scene variables）或对象变量（Object variables）时显示。如果读者已经选择了用特征分配（assign by feature），而且所选的特征具有单位，那么读者可以选择该进程所用的单位。如果所选的特征具有坐标系，那么选择坐标系（Coordinates），在原始图像中提供对象的位置；或者选择像素（Pixels），提供当前所用的场景中的对象位置。

（8）算数表达式（Arithmetic Expression）。对于所有的变量，读者可以分配一个算数表达式来计算一个数值。

（9）数组项（Array Item）。如果在分配参数（Assignment parameter）中选择了 by array item，会出现 Array Item 参数。读者可以创建一个新数组或分配一个域（Domain）。

7. Layer Arithmetics

Layer Arithmetic（图层算术）算法用基于像素的运算，可以最多在 4 个图层中进行数学运算（+，−，×，÷），其算法设置如图 5-135 所示。创建的图层显示了数学运算的结果。这个运算是在像素级上执行的，意味着使用影像图层的所有像素。例如，Layer1 减 Layer2，意味着如果两个图层中存在相同的像元值，结果将是 0。

在运算之前或之后，图层可能被归一化。此外，每个图层都可以单独加权，从而影响结果。

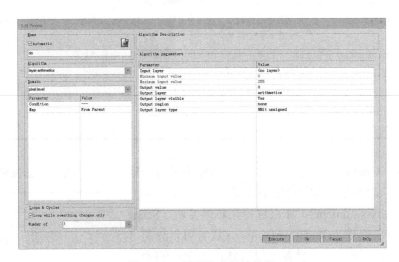

图 5-135　图层算术算法设置

1）可选择的域

Pixel Level; Image Object Level; Current Image Object; Neighbor Image Object; Super Objects; Sub Objects; Linked Objects。

2）算法参数

（1）输入图层（Input layer）。选择一个图层用作滤波器的输入图层。

（2）最小的输入数值（Minimum Input value）。输入数值范围的最低值，它将被输出数值替代，默认值为 0。

（3）最大的输入数值（Maximum Input value）。输入数值范围中的最大值，它将被输出数值替代，默认值为 255。

表 5-3　运算表达式说明

序号	运算表达式	序号	运算表达式
1	基本运算　（+,-,*,/）	6	逻辑运算　（&|）
2	指数运算　（^）	7	坐标运算　（_x_,_y_）
3	三角函数运算[sin（），arcsin（），cos（），arccos（），tan（），arctan（）]	8	向下舍入运算[floor（）]
4	对数运算　[ln（），exp（），lg（），exp10（）]	9	常数（pi）
5	布尔运算　（<, =, >）		

（4）输出数值（Output value）。该值将写入新计算得到的栅格图层中。该值可以是一个数值或是一个表达式。例如，要加 Layer1 和 Layer2，就输入 Layer 1+Layer 2。表 5-3 所示的运算符可以用在表达式中。

说明：运算符和图层名字之间的空格。用引号将表达式括起来避免创建变量，如具有名字 Layer 1 的变量。如果需要引入一个局部图层，需要在该栏中手动输入完整的表达式（如 CA.Layer 1）。如果之前创建了变量（例如，读者不小心输入了 Layer 1，没有用引号括起来），那么即使相同的名字用引号括起来了，也会使用该变量的值。为了能够在 Output Value 栏中使用这个图层，读者需要删除或编辑这个变量。

（5）输出图层（Output layer）。为输出图层输入一个名字，或使用下拉菜单选择一个图层名字用于输出。如果空着，将创建一个临时图层，如果选择了临时图层，它将被删除或替换。

（6）输出区域（Output region）。输出图层的区域。

（7）输出图层可视性（Output layer visible）。选择 Yes 或 No 创建一个可视的或隐藏的影像图层。

（8）输出图层类型（Output Layer Type）。如果输出图层不存在，该栏无效。如果必须要创建图层，需要给栅格通道从表 5-4 所示的数据类型中选择一种。

表 5-4　栅格通道

序号	栅格通道	序号	栅格通道
1	8-bit unsigned	4	32-bit unsigned
2	16-bit unsigned	5	32-bit signed
3	16-bit signed	6	32-bit float

8. Assign Class

根据 Use class 参数，给影像对象域中的所有对象分配一个类别。对于所有对象，分配的类别隶属度值被设置为 1，不受类别描述控制。第二佳和第三佳的类别结果被设置为 0（图 5-136）。

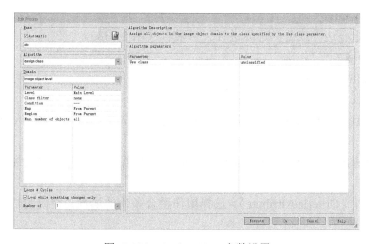

图 5-136　Assign Class 参数设置

使用类别（Use class）从下拉列表中选择分配的类别。读者也可以分配一个新创建的类别。

9. Convert Image Objects To Vector Objects

这个算法首先把栅格影像对象转变为多边形、线或点的矢量对象。第二步，这些矢量可以用一个输出算法保存，或者添加到一个已经存在的矢量图层中（如 Vector Boolean Operation Algorithm）（图 5-137）。

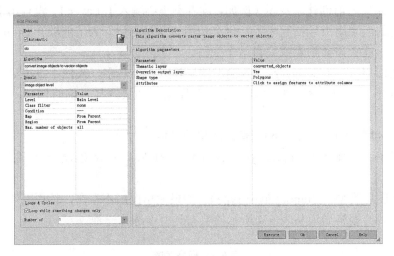

图 5-137　栅格影像对象转变为矢量对象参数设置

表 5-5　创建的形状类型

序号	形状类型
1	多边形（Polygons）
2	线（Lines）
3	点（Points）

1）可选择的域

Image Object Level。

2）算法参数

（1）专题图层（Thematic layer）。为将要创建的矢量图层选择一个名字，默认的名字是 converted objects。

（2）形状类型（Shape type），选择要创建的形状类型，可创建的形状类型如表 5-5 所示。

（3）属性（Attributes）。选择矢量属性表中的特征。

10. Vector Dissolve

该算法基于重叠边界或公共边界进行矢量融合（图 5-138）。

1）可选择的域

Vectors（multiple layers）。

2）算法参数

（1）输出矢量图层（Output vector layer）。选择输出的矢量图层名字，默认的名字是 vector_dissolve。

（2）重写输出图层（Overwrite output layer）。如果输出的矢量图层已经存在，标记是否进行重写。

（3）条件属性（Criteria Attribute）。选择用作融合条件的属性，空白的结果是融合所有多边形。

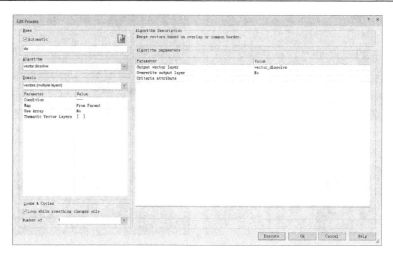

图 5-138　矢量融合设置

11. Vector Simplification

这个算法使用了 Douglas-Peucker 算法来简化线或多边形。该算法通过用一系列点的弯曲近似来减少点的数量。算法目的是使用更少的点来找到相似的曲线。简化度是通过原始形状与近似的矢量之间的最大距离，或基于偏离原始形状的点的百分比来控制的（图 5-139）。

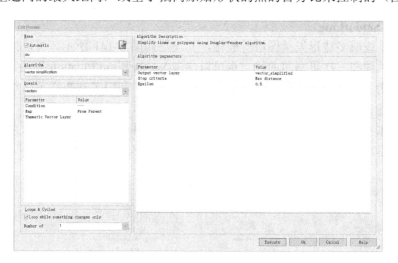

图 5-139　矢量简化设置

1）可选择的域

Vectors（multiple layers）。

2）算法参数

（1）输出矢量图层（Output vector layer）。为简化后的矢量选择输出矢量图层名字，默认的名字是 vector_simplified。

（2）停止条件（Stop criteria）。基于节点与段之间的最大距离，或根据指定的原始形状百分比进行百分比简化，选择 Douglas-Peucker 算法停止条件（图 5-140）。

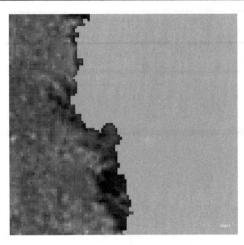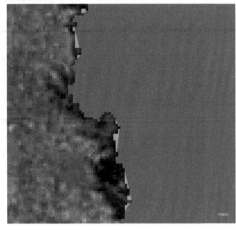

（a）简化前矢量　　　　　　　　　　　　　　　（b）简化后矢量

图 5-140　简化前矢量和简化后矢量对比

（3）Epsilon。在 scene units 中输入 Douglas-Peucker 距离参数（只在 Stop criteria: Max distance 中可用）。

（4）百分比（Percentage）。偏离原始线或多边形形状的点的百分比（只在 Stop criteria: Percentage 可用）。

12. Vector Smoothing

该算法可使线或多边形矢量图层一般化，其设置如图 5-141 所示。可以使用两个不同的算法：多项式曲线和三次贝塞尔曲线（也可以参考 Vector Simplification 算法）。

多项式平滑算法（Hermite 插值）使用三次多项式，利用了基数样条函数计算的切线。内插的线始终通过多边形的节点。

三次贝塞尔平滑算法在起始点就是曲线的终点，而曲线的开始是贝塞尔多边形第一段的切线。控制点是可以被调整的，为了曲线能够通过线或多边形的节点。

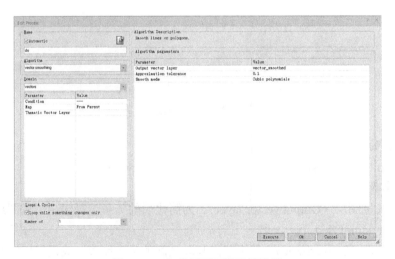

图 5-141　矢量图层平滑计算设置

1）可选择的域

Vectors（multiple layers）。

2）算法参数

（1）输出矢量图层（Output vector layer）。给平滑后的矢量输入输出矢量图层名字，默认的名字是 vector_smoothed。

（2）近似容差（Approximation tolerance）。近似容差是一个离散化参数，即近似曲线上点之间的距离。两种平滑算法都可以生成折线。这个近似参数影响了这条折线的粗糙程度，因此它是曲率。值越小生成的线就越平滑，另外会生成更多的点，影响进一步使用的效果。近似值应该足够小，这样可以看到平滑效果。默认值是 0.1，单位是场景单位。

3）平滑模式

选择独立的平滑算法：Polynomial curve（多项式曲线）和 Cubic Bezier curve（三次贝塞尔曲线）。

13. Vector Orthogonalization

该算法可基于指定的粒度，使多边形向直线（直角）多边形进行一般化调整（图 5-142）。

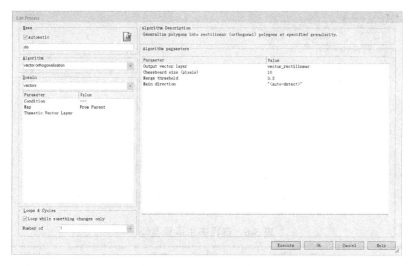

图 5-142　Vector Orthogonalization 参数设置

1）可选择的域

Vectors（multiple layers）。

2）算法参数

（1）输出矢量图层（Output vector layer）。给被一般化的多边形选择输出的矢量图层名字，默认的名字是 vector_rectilinear。

（2）棋盘大小（像素）[Chessboard size（pixels）]。选择棋盘大小（以像素为单位）。该算法在每个多边形的外接框中应用了棋盘分割，根据合并比率给每个棋盘瓦片指定到多边形中或背景中。

（3）融合阈值（Merge threshold）。该阈值定义了一个棋盘瓦片是否属于多边形，用于多边形像素数与外面的像素数之比，数值范围在 0～1。

（4）主方向（Main direction）。多边形方向与 x 轴的向量夹角范围是–90°～90°。生成的多边形将是直角化的，且按照这个角度进行了旋转。如果选择了 auto-detect 选项，那么方向将由相同角度的边长和最大角度来决定。

14. Vector Boolean Operation

该算法通过使用基于域中的矢量图层进行布尔运算实现了叠置分析。这里提供了 4 种可用的布尔运算（union，intersection，substraction 和 difference）。结果将添加到输出图层中。如果几何形状不同，该算法将从输出的图层中删除内容（图 5-143）。

1）可选择的域

Vectors（multiple layers）。

2）算法参数

（1）布尔运算（Boolean operation）。选择要应用的布尔运算（表 5-6）。

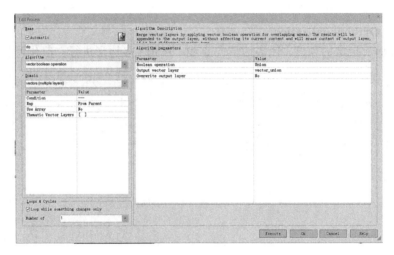

图 5-143　矢量图层布尔运算设置

表 5-6　选择布尔运算类型

序号	布尔运算类型	序号	布尔运算类型
1	取并集（union）	3	取不同（difference）
2	取交集（intersection）	4	相减（substraction）

（2）减去矢量图层（Substract vector layer）。只有在选择 Substraction 布尔运算时可用，选择要从域中的矢量图层上减去的矢量图层。

（3）输出矢量图层（Output vector layer）。选择输出矢量图层的名字。根据所选的运算，默认的名字是 vector_union，vector_intersection，vector_difference 或 vector_substract。

（4）重写输出图层（Overwrite output layer）。重写输出图层的默认设置是 No。如果输出的矢量图层已经存在，读者想重写它，就选择 Yes。

15. Vector Integration

该算法可以把多边形合并到指定捕捉距离范围内的一个指定的矢量图层中（图 5-144）。

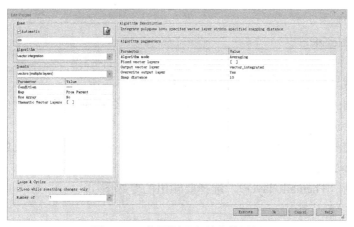

图 5-144　矢量图层合并参数设置

1）可选择的域

Vectors（multiple layers）。

2）算法参数

（1）算法模式（Algorithm mode）。选择矢量合并模式：①平均，在捕捉距离范围内计算所有点的平均，并取代它们；如果选择不固定的矢量图层，就通过一个平均点来取代，或者捕捉到所选固定矢量图层上最近的点。②捕捉，每个多边形的点捕捉到指定距离范围内的一个固定矢量图层上最近的点，不做进一步的动作。这个选项的前提是选择一个固定的矢量图层。

（2）固定的矢量图层（Fixed vector layers）。指定图层中的矢量将不能被改变。

（3）输出矢量图层（Output vector layer）。选择输出的矢量图层名字，默认的名字是 vector_integrated。

（4）重写输出图层（Overwrite output layer）。如果输出的矢量图层已经存在，标记是否重写。

（5）捕捉距离（Snap distance）。地理单位的捕捉距离。这是两个矢量间的最大允许距离。

16. Export Existing Vector Layer

把一个已经存在的矢量图层输出到一个文件中（图 5-145）。

图 5-145　图层保存参数设置

1）可选择的域

Image Object Level。

2）算法参数

（1）输出模式（Export mode）。输出模式类型如表 5-7 所示。

（2）输出系列（Export series）。如果设置为 Yes，那么将输出每个系列中的多个文件，或者输出表的时候会创建额外的列。

（3）输出临时矢量图层（Output temporary vector layer）。目标临时矢量图层的名字，默认的名字是 temporary。

（4）专题图层（Thematic layer）。选择要输出的专题图层。

表 5-7　输出模式类型

序号	模式类型	模式描述
1	静态输出项（Static export item）	把输出项写到工作空间中。回滚将删除所有的输出信息。在 Export item Name 中输入一个名字，或者使用默认的名字
2	动态输出项（Dynamic export item）	允许读者输入或选择一个变量作为一个输出项。从下拉框中选择一个变量，或在 Export item variable name 栏中输入一个名字（输入名字会启动 Create variable 对话框，在这里读者可以输入一个名字和变量类型）。如果在客户机上执行进程，输出结果将被写到场景目录中。如果在服务器上执行进程，输出结果将被写到工作空间文件夹中
3	使用明确的路径（Use explicit path）	只输出到 Export path 栏中指定的位置。这与工作空间没有联系，在回滚或工程删除之后，还保存输出结果
4	使用临时图层（Use temporary layer）	输出一个临时的矢量图层

（5）默认文件格式（Default File Format）。选择用于桌面处理的输出文件类型。如果算法是在桌面模式下运行的，那么文件将以这种格式存储。如果在服务器处理模式下运行，文件格式将按照工作空间中指定的输出设置存储。

除了把多个工程中的结果输出到多个文件中之外，还可以把结果输出到一个 FileGDB 的多个要素类中。

17. Image Object Fusion

定义了多种增长和融合的方法，详细地规定了当前影像对象与相邻对象之间的融合条件。

Image Object Fusion 算法把当前的影像对象作为种子。当前对象的所有相邻影像对象是融合（合并）的可能候选对象。种子与候选对象融合后得到的影像对象被称作目标影像对象。

类别过滤器允许读者通过类别来限制可能的候选对象。对于每一个候选对象，将计算拟合函数。根据拟合模式，种子可能会与一个或多个候选对象融合（如果读者不需要拟合函数，建议读者使用 Merge Region 算法和 Grow Region 算法。它们只需要配置较少的参数，即可呈现较高的性能）。如果没有满足拟合条件的候选对象，那么将不发生融合（图 5-146 和图 5-147）。

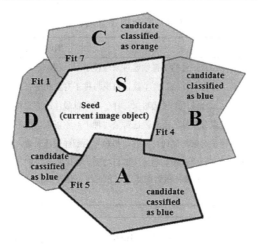

图 5-146　种子影像对象 S 与相邻对象 A、B、C 和 D 融合的例子

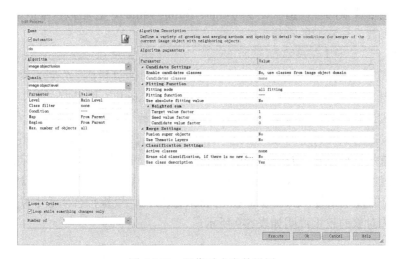

图 5-147　影像融合参数设置

1）可选择的域

Image Object Level; Current Image Object; Neighbor Image Object; Super Object; Sub Objects; Linked Objects; Image Object List。

2）Candidate Settings

（1）激活候选类别（Enable candidate classes）。选择 Yes 激活候选类别。如果候选类别不能使用，那么算法的执行效果类似于区域融合。

（2）候选类别（Candidate classes）。选择读者希望考虑的候选类别。如果候选类别与域中的类别（代表种子类别）不同，算法的执行效果类似于区域增长。

3）拟合函数

拟合函数（Fitting Function）融合设置指定了 Image Object Fusion 算法详细的执行细节。

（1）拟合模式（Fitting mode）。表 5-8 所示为可选择的拟合模式说明。

表 5-8　拟合模式选项说明

数值	描述
All fitting	把满足拟合条件的所有候选对象与种子对象相融合
First fitting	把满足拟合条件的第一个候选对象与种子对象相融合
Best fitting	把满足拟合条件的候选对象与种子对象以最佳的方式相融合
All best fitting	把满足拟合条件的所有候选对象与种子对象以最佳的方式相融合
Best fitting if mutual	如果种子对象与候选对象彼此是对方的最佳候选对象,那么就执行融合
Search mutual fitting	从种子开始进行相互的最佳拟合搜索。如果两个对象互为彼此的最佳拟合对象,那么就执行融合。注意:最终融合的影像对象可能不是种子和最初的候选对象,而是其他拟合效果更好的影像对象

（2）拟合函数阈值（Fitting function threshold）。选择读者想优化的特征和条件。种子和满足条件的候选对象离得越近,拟合度越好。

（3）使用拟合数值的绝对值（Use absolute fitting value）。忽略拟合数值的符号。所有的拟合值被当作正数,与它们的符号无关。

4）加权和

用来定义拟合函数,拟合函数通过特征值的加权和计算得到。分别为种子、候选对象,以及目标对象计算拟合函数阈值（Fitting function threshold）中选择的特征。拟合数值总数可以通过公式计算得到:拟合值=（目标×权重）+（种子×权重）+（候选×权重）。如果想让目标对象、候选对象和种子对象三者之一不参与特征计算,那么可以设置它的权重为 0。

（1）目标值的权重系数（Target value factor, TVF）。设置拟合函数中目标对象的权重。

（2）种子值的权重系数（Seed value factor, SVF）。设置拟合函数中种子对象的权重。

（3）候选值的权重系数（Candidate value factor, CVF）。设置拟合函数中候选对象的权重。拟合函数中候选对象的权重说明如表 5-9 所示。

表 5-9　拟合函数中候选对象的权重说明

典型的设置（TVF、SVF、CVF）	描述
1,0,0	优化融合得到的影像对象条件
0,1,0	优化种子影像对象条件
0,0,1	优化候选影像对象条件
2,–1,–1	优化融合之后的特征变化

5）融合设置

（1）融合父对象（Fusion super objects）。当种子对象和选作融合的候选对象具有不同的父对象时要定义这个参数。如果激活了,那么包含子对象的父对象会被融合。如果不激活,就跳过融合步骤。

（2）专题图层（Use Thematic Layers）。指定分割过程要考虑的专题图层。如果可以一直访问它的专题信息,每一个用于分割的专题图层将会导致额外的分裂。读者可以使用多个矢量图层来分割一景影像。结果是影像对象可以表示矢量图层之间的适当交集。

（3）兼容模式（Compatibility mode）。从 Value 栏中选择 Yes,激活它与其他老版本（版本 3.5 和 4.0）的兼容性。在后来的版本中将移除这个参数。

6）类别设置

类别设置（Classification Settings）。定义合并后的影像对象使用的类别。

（1）激活的类别（Active classes）。选择激活类别的清单，用于分类。

（2）如果没有新类别就擦除旧类别（Erase old classification if there is no new classification）。选项参数描述如表 5-10 所示。

表 5-10　选项参数描述

选项	选项描述
读者选择了 Yes	如果影像对象的隶属度值在所有类别允许的阈值以下（参考类别设置），将删除影像对象的当前类别
读者选择了 No	如果影像对象的隶属度值在所有类别允许的阈值以下（参考类别设置），将保留影像对象的当前类别

（3）使用类别描述（Use class description）。使用类别描述如表 5-11 所示。

表 5-11　使用类别描述

选项	选项描述
读者选择了 Yes	将使用类别描述来评估所有的类别，影像对象将被分配到隶属度值最高的类别中去
读者选择了 No	将忽略类别描述。只有在 Active classes 中只包含一个确定的类别时，这个选项才会传递有价值的结果

如果读者不使用类别描述，建议读者使用 Assign Class 算法。

第6章 区域和地图分析

6.1 内 容 概 览

地图（maps）和区域（regions）是 eCognition 软件中的概念。灵活地使用地图和区域，可以把影像分析的范围限定在指定的区域中，通过对分辨率的自定义设置，以不同的分辨率对多个指定区域进行单独分析，最后将各个区域中的分析结果都同步到原始地图中，从而提高影像分析的效率（图 6-1）。

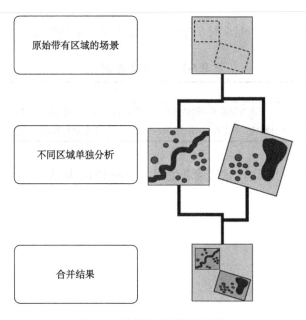

图 6-1　地图与区域概念解释

6.2 案 例 介 绍

6.2.1　案例数据

在教程文件夹中，读者可以找到影像数据、规则集和工程。在本案例中要使用两景 QuickBird 卫星影像（.tif）：02MAR02_multi_Subset_Maps_Regions.TIF 包括了 RGB 和 NIR 数据；02MAR02_pan_Subset_Maps_Regions.TIF 包括了全色数据。

6.2.2　主要内容

本案例介绍了如何利用 maps 和 regions 快速高效地提取感兴趣的区域。本案例共包含四部分学习内容：介绍分析流程，使用较低分辨率的 map 来提取感兴趣区域，使用原始分辨率的 map 细致地分析水体和完整的分类。

6.3 解 决 方 案

创建规则集最重要的工具是专业知识，如遥感专业知识或地理专业知识。此外还需要学会把识别过程转为 ETL 语言。在 eCognition 软件中要实现感兴趣区域的选择并进行水体分类，需要下面几个工作环节：①了解一般分析工作的全局；②选择数据；③开发方法；④把方法转为规则集；⑤检查结果；⑥必要时改进方法和规则集；⑦导出结果。解决方案示意图如图6-2 所示。

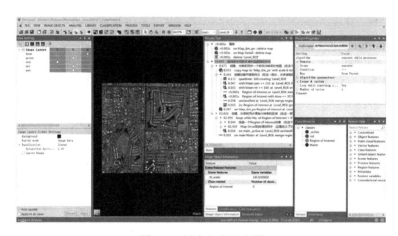

图 6-2 解决方案示意图

6.4 分析流程介绍

本教程向读者介绍了使用 maps 和 regions 快速高效地对感兴趣区域进行分类的方法。这个案例中的分析是 maps、maps 的分类和结果的同步之间不断的交互过程。

分析路线的常规设置如表 6-1 所示。

表 6-1 分析流程图解

1. 创建较低分辨率的 map 2. 在降采样之后的 map 上粗略地提取水体 3. 将结果同步到 main map 中	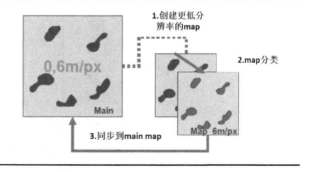

续表

4. 挑选出一个水体对象 5. 从这个对象上创建一个区域，并从这个区域上再创建一个相同分辨率的 map	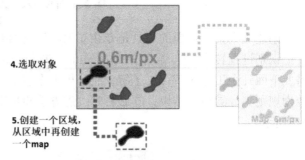
6. 这个原始分辨率的 map 已经完成了分类 7. 把该 map 同步到 main map 上 8. 选择下一个水体对象，从这个对象上再创建一个区域，流程重复一遍	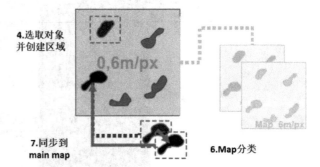

6.5 提取分析区域

在规则集的第一部分，创建了一个分辨率较低的 map，并在这个 map 中粗略地提取了水体，然后把结果同步到 main map 中（图 6-3）。

这个方法的优点是通过降采样的分割和分类速度比在原始场景上分类更快。对于非常大的区域，有可能会创建大量的对象，以至于无法取消处理（因为缺少内存）。可以使用本教程中介绍的方法来避免这种情况。

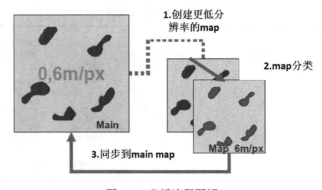

图 6-3　分析流程图解

6.5.1　设置创建 map 的进程

加载的工程包含了 QuickBird 场景子集中的一组多光谱和全色影像图层。

（1）开启 eCognition Developer。

（2）切换到预定义的第 4 种视图设置→ Develop rulesets（规则集开发模式）。

（3）在主菜单 File 中选择 Open Project，或者在工具栏中单击 Open Project。

（4）打开教程文件夹中的 AnalyzingRegionsOfInterest.dpr 工程。

（5）展开父进程"创建、分类和同步一个较低分辨率的地图"（图 6-4）。

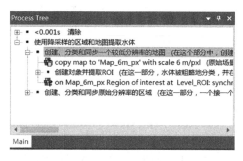

图 6-4　创建较低分辨率 map 的进程

（6）打开第一个子进程"copy map to 'Map_6m_px' with scale 6 m/pxl"，参数设置见表 6-2。

表 6-2　参数设置

方　法	功能描述
Algorithm parameters 面板	定义了目标 map 的名字，目标 map 是要创建的 map
Image layers 栏	要选择 nir 和 pan 作为新创建的降采样 map
Scale 栏	可以更改新 map 的分辨率

具体参数设置如图 6-5 所示。

图 6-5　创建降采样地图 Map_6m_px 的进程设置

（7）单击 Scale 栏旁边的省略号按钮，打开 Select Scale 对话框。①不选择 Keep current scene scales。②选择 Units 作为 Scale mode，其他的缩放模式为：放大率（Magnification），百分比（Percent），像素（Pixels）。③定义 Scale 的数值为 6（图 6-6）。

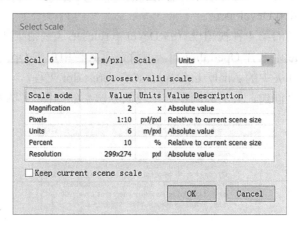

图 6-6　Select Scale 对话框设置了创建一个 6m/pxl 的 map

（8）单击 Cancel 按钮关闭对话框。新创建的 map 中仅包含了全色和近红外影像图层，分辨率为 6m/pxl，低于原始分辨率（图 6-7）。

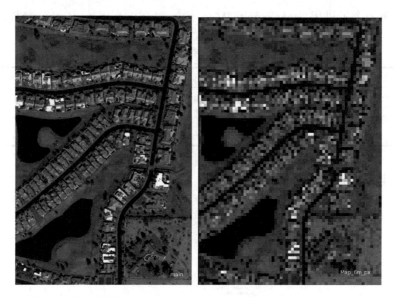

（a）原始分辨率的 main map　　　　　（b）降采样后的 6m/pxl 新 map

图 6-7　降采样

6.5.2　map 分类

1. 展开创建对象并提取 ROI 部分进程

（1）在父进程"创建对象并提取 ROI"上已经定义，它所有的子进程都应用 Map_6m_px（图 6-8）。

（2）执行一个四叉树分割。

（3）全色图层的均值不大于 210 的所有对象都被赋予 Region of interest 类别（ROI）。

（4）近红外波段均值不小于 160 的 Region of interest 对象要从这个类别中剔除。

（5）合并 Region of interest 对象。

（6）面积不大于 30 pxl 的 Region of interest 对象要从这个类别中剔除。

（7）合并所有的 unclassified 对象。

（8）让所有的 Region of interest 对象增长两个像素（图 6-9）。

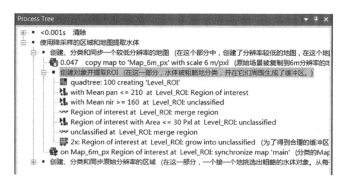

图 6-8 进程树中对 Map_6m_px 进行分类的进程序列进行高亮显示

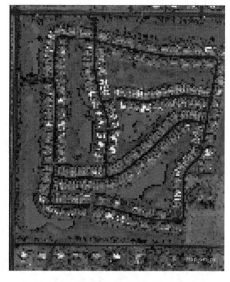

（a）执行增长前的分类结果　　　　　　　　（b）执行增长后的分类结果

图 6-9 执行增长前后的分类结果对比

2. 执行创建对象并提取 ROI、进程序列

所有的水体都被分类为 Region of interest 类别，且每个对象都缓冲了两个像素。

6.5.3 同步结果到 main map

下一步是把 Map_6m_px 上的分类结果同步到 main map 上（图 6-10），然后这个分类结果就作为创建区域和做进一步分析的地图基础。

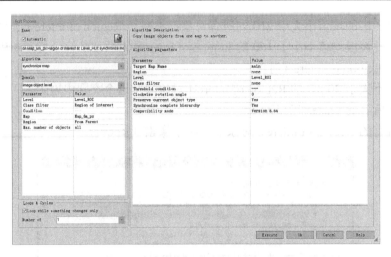

图 6-10　把 Map_6m_px 中的内容同步到 main map 的进程设置

（1）折叠"创建对象并提取 ROI"进程。

（2）双击"on Map_6m_px Region of interest at Level_ROI:synchronize map 'main'"进程的第一个子进程，打开该进程。①在 Image Object Domain 中指定了只复制 Map_6m_px 中的 Region of interest 对象。②在 Algorithm parameters 面板上指定了 main map 中新创建的 Level 被命名为 Level_ROI，与分辨率较低的 map 一样。

（3）执行该进程。现在，main map 中包含了一个 Level_ROI，它具有 Region of interest 对象（图 6-11）。

（a）包含 Map_6m_px 地图中同步内容的 main map　　　　　　（b）Map_6m_px 的内容

图 6-11　内容同步

6.6 水 体 分 析

在这个部分中，Region of interest 对象一个接一个被选中。区域是从所选的对象中创建的，而原始分辨率的新地图是从区域中创建的。然后只在详细的地图中进行细致的分割和分类。此外，要重塑对象，确保边界平滑。在最后一步中，详细的地图要复制到 main map 中，每一个对象都要进行细致的分析，直到所有的对象都完成分析（图 6-12 和图 6-13）。

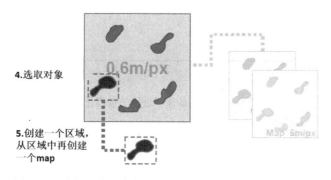

图 6-12　选择一个对象并从对象创建区域和地图的流程图解

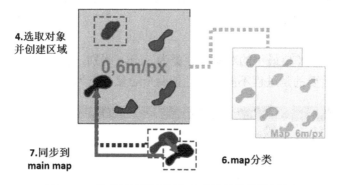

图 6-13　显示新地图和同步分类结果的流程图解

6.6.1　创建循环进程

（1）折叠"创建、分类和同步一个较低分辨率的地图"，展开"创建、分类和同步原始分辨率的区域"，进行全区域分辨率的分类与同步。

（2）双击第一个子进程"loop: while No. of Region of interest > 0"，打开该进程。①在父进程的 Domain 中设置了一个条件，所用的特征是一个类别相关的场景特征 Number of classified objects，条件是 No. of 'Region of interest'对象大于 0，这意味着至少要存在一个对象，否则不执行该进程。②Loops & Cycles 被设置为 Loop while something changes only，只要满足阈值条件，进程将被再次执行，只有当所有的 Region of interest 对象被分类为 Water 时才会自动停止处理（图 6-14）。

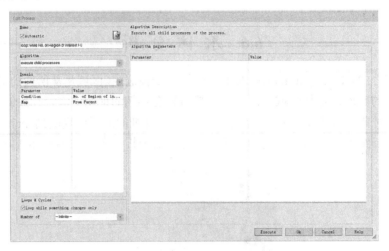

图 6-14　满足条件子进程的进程设置

（3）单击 Cancel 按钮，关闭 Edit Process 对话框。

6.6.2　创建区域和地图

在这个流程中，选择一个对象（其 X 值最小），在这个对象周围创建一个区域，再从这个区域中创建一个详细的地图。

1. 选择对象

任意地选择对象，X 值最小的对象被分类为_active 类别，也可以使用其他特征，如标准方差或尺寸。但是重要的是进程不能一次性把两个对象分类为_active 类别（图 6-15）。

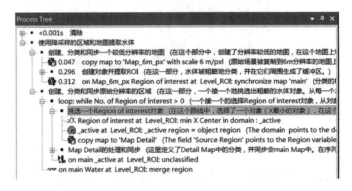

图 6-15　挑选一个'Regions of interest'对象，区域上创建地图的进程序列高亮显示

（1）展开"loop: while No. of Region of interest > 0"和"expand 'Pick out one' Region of interest 'Object'"。在父进程挑选一个'Region of interest'对象，指定 main map 作为 Domain。所有的子进程都参考这个设置。

（2）双击第一个子进程"Region of interest at Level_ROI: min X Center in domain: _active"，打开这个进程。①find domain extrema 算法被用作选择一个对象。②在 Domain 中指定只有 Region of interest 对象参与算法的分析。③Extrema Type 被设置为 Minimum。④Feature 选择 X Center。⑤Accept equal extrema 栏设置为 No。⑥Active classes 设置为_active。X Center 最

小的对象将被分配到这个类别中（图 6-16）。

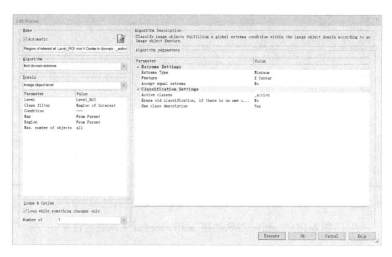

图 6-16　_active 对象指配类别的进程设置

（3）执行该进程。选择第一个 Region of interest 对象，并分类为_active（图 6-17）。

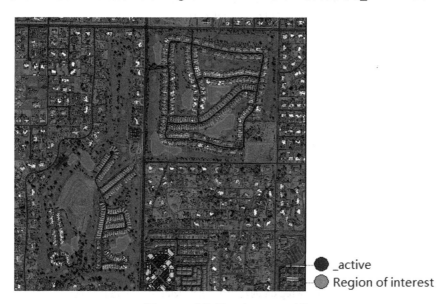

图 6-17　获取了一个_active 对象

2. 创建区域和地图

挑选一个 Region of interest 对象，对象的序列中最后两个进程是从_active 对象中创建一个区域，再从区域中创建一个 map。

（1）双击第二个子进程"_active at Level_ROI: _active region=object region"，打开该进程。①Domain 设置为 image object level。指定了区域范围的起始位置是 Level_ROI 上的_ active 类别。②新区域的名字定义为_active region。③Mode 设置为 From object。只有在设置这个模式时，才可以使用 image object level 作为 Domain（图 6-18）。

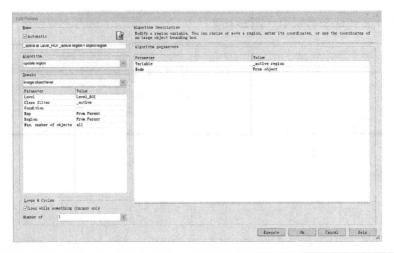

图 6-18　_active 对象创建_active region 区域进程设置

（2）执行该进程。

（3）双击复制地图到 Map Detail 进程，并打开进程。①在 Source region 栏上指定之前进程创建的_active region（variable）作为地图范围的基础。②所有其他的参数设置为默认，所有的影像图层及分类结果都复制到新地图上（图 6-19）。

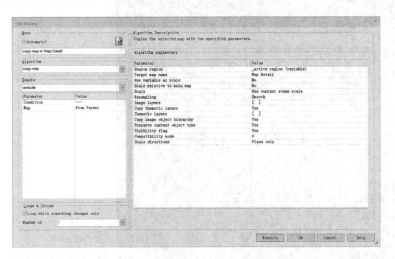

图 6-19　_active region 创建一个 Map Detail 地图的进程设置

（4）执行该进程。

（5）在数据浏览窗口上显示 Map Detail。从 main map 中的_active region 区域创建一个新地图 Map Detail，它包括了 main map 中的对象和分类结果（图 6-20）。

6.6.3　地图处理和同步

在 Map Detail 的处理和同步进程序列中，定义了 Map Detail 的分类，以及到 main map 的地图同步。

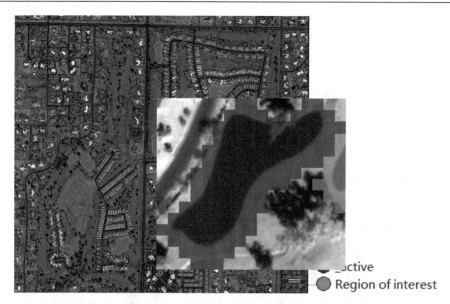

图 6-20 main map 的 _active 对象的分类结果及新创建的 Map Detail

执行完这个进程序列之后，main map 中剩余的 _active 对象取消分类，重新从 main map 中选择下一个 Region of interest 处开始处理（图 6-21）。

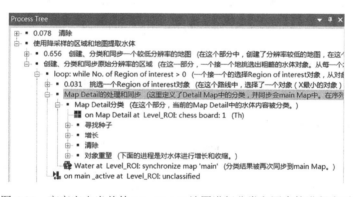

图 6-21 高亮突出当前的 Map Detail 地图进行分类和同步的进程序列

1. Map Detail 地图分类

在这一部分，当前 Map Detail 地图完成了水体分类。

（1）打开折叠选项，选择一个 Region of interest 对象。

（2）展开 Map Detail 的处理和同步过程，对 Map Detail 分类。

Map Detail 分类进程序列包括 5 个部分：①使用棋盘分割方法将该地图分割成像元大小的对象。②在寻找种子（find seeds）部分，通过对全色图层的估计与分类提取第一个 Water 对象。③在增长（grow）部分，第一个 Water 对象增长到相邻的光谱相近对象上。④在清除（clean up）部分，填充漏洞，一些小的 Water 对象取消分类。⑤在对象重塑（object reshaping）部分，通过增长和收缩得到 Water 对象的平滑边界（图 6-22）。

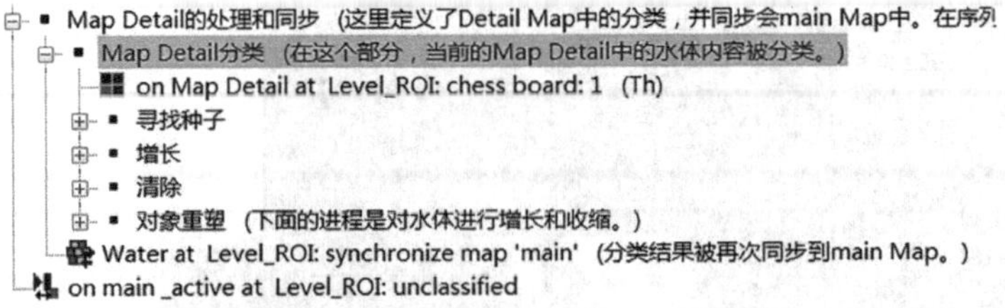

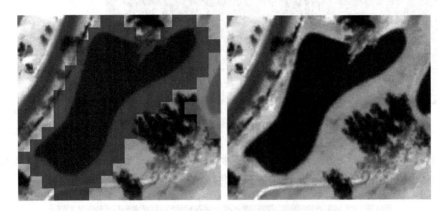

图 6-22   进程树中高亮突出了对当前 Map Detail 地图分类的进程序列

（3）执行 Map Detail 分类进程，分类前后的 Map Detail 地图如图 6-23 所示。

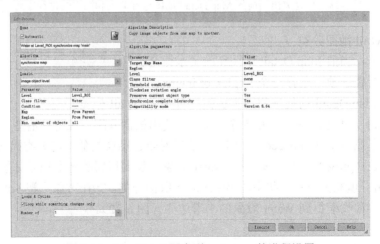

图 6-23   分类前后的 Map Detail 地图

2. 把结果同步到 main map

在规则集的 Map Detail 处理和同步过程部分的最后一个进程是把 Map Detail 同步到 main map。

（1）折叠"Map Detail 分类"。

（2）双击"Water at Level_ROI: synchronize map 'main'"进程，打开该进程。①在指定的 Domain 中，Water 对象是要被同步的对象。②在指定的 Algorithm parameters 中，main map 是同步的目标，同步的对象应该在 Level_ROI 对象层中（图 6-24）。

图 6-24   Map Detail 同步到 main map 的进程设置

（3）执行该进程。

（4）打开第二个数据浏览窗口，一个窗口显示 Map Detail，另一个窗口显示 main map。缩放被同步的 Water 对象。此时，Map Detail 中 Water 对象的分类结果已经复制到 main map 中了（图 6-25）。

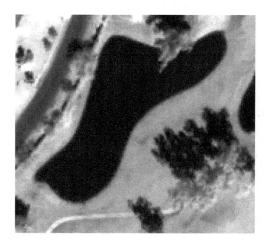

（a）main map 中被同步的 Water 对象　　　　　　（b）Map Detail 中提取的水体

图 6-25　水体提取结果

6.7　分　　类

6.7.1　准备下一个循环序列

为了清除所有内容，需要取消对已有 _active 对象的分类。然后下一个 Region of interest 对象被分类为 _active，并对其进行具体地分析。

（1）打开折叠：Map Detail 的处理和同步过程进程。

（2）选择"on main _active at Level _ROI: unclassified"进程并执行。

（3）剩余 _active 对象的类别被取消（图 6-26）。

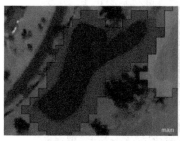
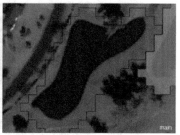

（a）剩余 _active 对象类别取消之前　　　　（b）剩余 _active 对象类别取消之后

图 6-26　_active 对象类别

6.7.2　逐步执行完整的序列

（1）在 loop: while No. of Region of interest > 0 'main'进程上双击，打开该进程。

（2）在 Number of cycles 栏中输入 1。

（3）单击 OK 按钮确认修改。

（4）多次执行"if No. of Region of interest > 0"序列。

每执行一次之后，多一个 Map Detail 被分类，多一个 Water 对象同步到 main map 中（图 6-27）。

图 6-27　Region of interest 对象逐一被分类

6.7.3　执行带循环的序列

（1）双击"if No. of Region of interest > 0"进程，打开该进程。

（2）在 Number of cycles 栏中选择 Loop while something is changing。

（3）单击 OK 按钮确认修改。

（4）执行序列 loop: while No. of Region of interest > 0 'main'。

Detail Map 中所有 Region of interest 对象都通过了分析，并同步到 main map 中（图 6-28）。

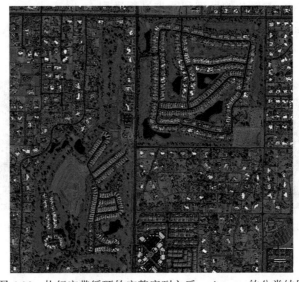

图 6-28　执行完带循环的完整序列之后 main map 的分类结果

6.8　案 例 总 结

本案例重点讲解了感兴趣区域的提取方法，详细介绍了 eCognition 软件中如何使用区域和地图来提高分析效率的技巧。案例中用到了以下算法，读者可以参考本教程进行掌握：用于复制地图的 copy map；用于四叉树分割的 quadtree based segmentation；用于指配类别的 assign class；用于合并区域的 merge region；基于像素的对象尺寸调整的 pixel-based object resizing；用于同步地图的 synchronize map；用于寻找域极值的 find domain extrema；用于更新区域的 update region；用于棋盘分割的 chessboard segmentation；用于计算统计值的 compute statistical value；用于更新变量的 update variable；用于影像对象融合的 image object fusion；用于寻找被类包围的对象的 find enclosed by class。

6.9　算 法 详 解

1. Copy Map

关于 Copy Map 算法详解，请参考第 4 章 4.6 节算法详解第 4 小节内容。

2. Quadtree Based Segmentation

四叉树分割算法可以把像素域或一个影像对象域分裂成由方形对象构成的四叉树网格。

一个四叉树网格边长可以表达成 2 的幂，且与影像的左边界和上边界对齐的正方形组成。这个四叉树网格应用在域中的所有对象上，每个对象沿着这些网格线进行裁剪。所建的四叉树结构的每个正方形都有一个最大可能的尺寸，同时还要满足有模式和尺度参数定义的同质性条件（图 6-29 和图 6-30）。

最大的正方形对象尺寸为 256×256（65536 个）像元。

图 6-29　采用颜色模式且尺度为 40 的四叉树分割结果

1）可选择的域

Pixel Level；Image Object Level；Neighbor Image Object；Super Object；Sub Objects；Linked Objects；Image Object List。

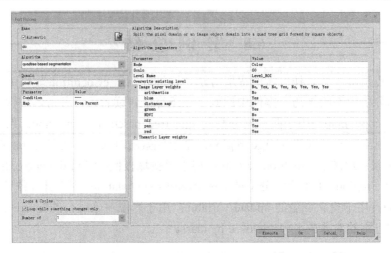

图 6-30　四叉树分割算法参数设置

2）算法参数

（1）模式（Mode）：①颜色（Color）：在每个正方形影像对象内最大的颜色差异要少于 Scale（尺度）数值。②父对象形式（Super Object Form）：每个正方形影像对象必须完全符合父对象。这个模式只对附加的上层有效。

（2）尺度（Scale）。尺度定义了正方形对象内每个所选的影像图层的最大颜色差异。这个参数只和颜色模式一起用。

（3）层名称（Level Name）。在 Level Name 栏中，给新的影像对象层输入名字。只有在进程对话框中以"Pixel level"作为域的时候，这个参数才可以用。

（4）重写已有的层（Overwrite existing level）。只有在选择了 Pixel level 时才可以使用这个参数。它可以让客户自动删除"Pixel level"上面已有的影像对象层，并使用分割创建的新的层来替代它。

（5）影像图层权重（Image Layer weights）。例如，当使用多尺度分割或光谱差异分割方法对一景 Landsat 影像分割时，为了避免这个图层在影像对象之间的瞬间模糊导致的分割结果变形，应该不给分辨率较低的热波段图层分配权重。

在算法参数区域，展开影像图层权重列表，设置算法的影像图层权重，读者可以同时使用两种方法：①选择一个影像图层并编辑权重数值；②选择影像图层权重，单击 Value 栏中的省略号按钮，打开 Layer Weights 对话框。

在列表中选择一个影像图层，单击 Ctrl 键可以选择多个影像图层。

在 New value 文本框中输入一个新的权重值，并单击 Apply（图 6-31）。

（6）选项（Options）。单击 Calculate StdDev 按钮检查影像图层的力度。在每个单独的影像图层上计算的影像图层值的标准方法结果列在了 StdDev 列。为了查找一个指定的图层，把名字输在 Find 文本框中。

3）专题图层权重（Thematic Layer weights）

在 Thematic Layers 栏中，指定分割额外所需的专题图层。当可一直访问它的专题信息时，每个用于分割的专题图层将导致影像对象的额外分裂，读者可以使用多个专题图层来分割一景影像，生成的影像对象可以表示专题图层适当的交叉。如果读者想仅仅基于专题图层信息来产生影像对象，可以在两个矢量图层间选择大于影像大小的棋盘尺度。

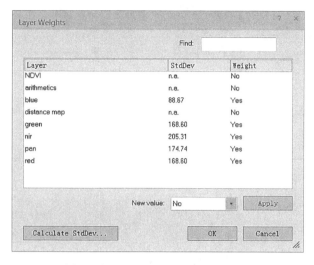

图 6-31 Image Layer Weights 对话框

3. Assign Class

关于 Assign Class 算法详解，请参考第 5 章 5.6 节算法详解第 8 小节内容。

4. Merge Region

在 Image Object 域中融合所有的影像对象（图 6-32 和图 6-33）。

1）可选择的域

Image Object Level; Current Image Object; Neighbor Image Object; Super Object; Sub Objects; Linked Objects; Image Object List。

图 6-32 在所有的 Seed 类别的影像对象上执行 merge region 算法的结果

2）算法参数

（1）融合父对象（Fusion super objects）。可以合并附属的父对象。

（2）使用专题图层（Thematic Layer usage）。对这个影像对象层进行初始分割时，可以保留激活的专题图层定义的边界。

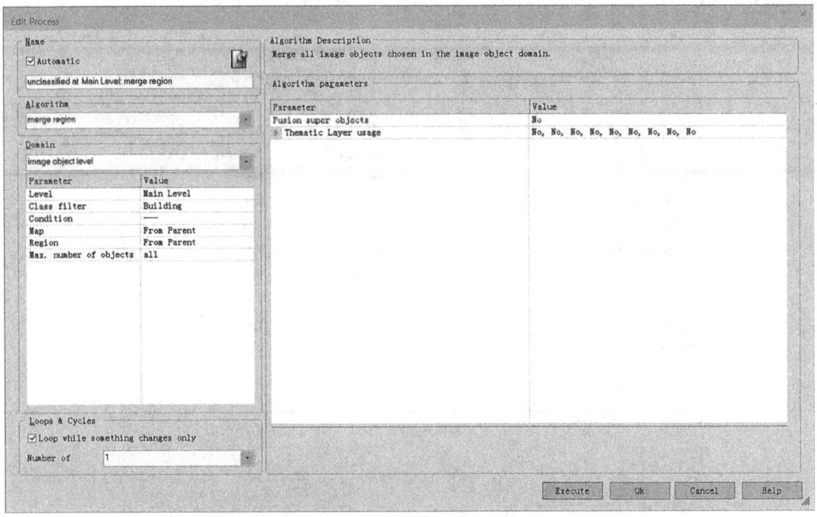

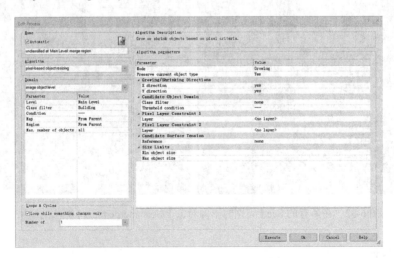

图 6-33　区域融合参数设置

5. Pixel-Based Object Resizing

基于像素条件增长或收缩影像对象。典型地，已分类对象的相对面积特征用于搜索合适的种子影像对象。这些影像对象被增长或收缩后，影像对象更大或更小了。此外读者可以使用该算法通过增长或收缩来平滑影像对象的表面。读者可以选择在一维、二维或三维空间上调整大小（图 6-34）。

1）可选择的域

Image Object Level; Current Image Object; Neighbor Image Object; Super Object; Sub Objects; Linked Objects; Image Object List。

图 6-34　Pixel-Based Object Resizing 参数设置

2）算法参数

（1）尺寸调整模式（Resizing modes）。

（2）增长（Growing）。增长每一个种子影像对象，丢弃种子影像对象的起始范围（图6-35）。

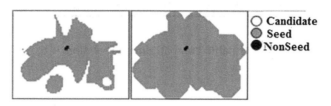

　　　（a）起始的分类结果　　　　　（b）增长10次之后的例子

图 6-35　种子增长方式

（3）包衣（Coating）。在每个种子影像对象周围添加一个新的影像对象来增长它。种子对象依然作为无变化区域的独立影像对象而存在。从候选影像对象的外部到中心来添加包衣（图6-36）。

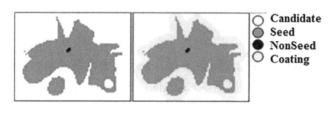

　　　（a）起始的分类结果　　　　（b）添加10次包衣的结果

图 6-36　种子包衣涂加

（4）收缩（Shrinking）。在每一个候选影像对象内添加一个新的影像对象，并增长它。一个候选影像对象通过新的影像对象范围来收缩。这个模式与 Coating 的工作过程相似，但是它是在候选对象的内部，从候选影像对象的外部到中心来收缩（图6-37）。

　　　（a）起始的分类结果　　　　（b）收缩10次的结果

图 6-37　种子收缩

（5）新影像对象的类别（Class for new image objects）。选择一个类别分配给新的影像对象。这个特征可以用在 Coating 或 Shinking 模式，但是不能用在 Growing 模式。

（6）保留当前的对象类型（Preserve current object type）。选择影像对象的类型，决定目标类别的影像对象融合，算法参数选项说明如表6-3所示。

表 6-3　算法参数选项说明

数值	描述
Yes	新创建的影像对象是 2 维连通的，其他的影像对象保持它们原有的连通性（默认）
No	新创建的影像对象是不连通的，任何对象或分裂的对象都是不连通的

（7）兼容版本可以低于 8.0（Enable compatibility to version < 8.0），兼容模式可以到 8.0 以前的软件版本。

3）增长或收缩参数

定义允许增长或收缩的方向如表 6-4 所示。

表 6-4　定义允许增长或收缩的方向

方向	描述
X 方向	限制（No）或允许（Yes）沿 X 轴调整大小
Y 方向	限制（No）或允许（Yes）沿 Y 轴调整大小
Z 方向	限制（No）或允许（Yes）沿 Z 轴调整大小

4）候选对象域参数

定义其像元用于增长的相邻影像对象集合。一个像素可以只添加到作为候选对象域一部分的某个影像对象上。这个特征可以用在 Coating 或 Shinking 模式上，但是不能用在 Growing 模式上。

（1）类别过滤（Class filter）。选择一个候选类别，域中所选的影像对象可以自动地排除出候选对象外。

（2）阈值条件（Threshold condition）。定义一个额外的阈值条件来限定候选的域，只有属于满足阈值条件的影像对象的像元才被考虑参与尺寸调整。

5）像素层的约束参数

Pixel Layer Constraint 1；Pixel Layer Constraint 2。

此外，读者可以定义 1 个或 2 个独立的影像图层的强度条件，约束给定的影像图层的候选像元。如果定义的条件都满足了，那么候选的像元只会添加到激活的像元集合中。

（1）图层（Layer）。选择用于约束像素图层的任何一个影像图层。

（2）运算（Operation）。选择要执行的比较运算，必须要选择一个影像图层。运算操作说明如表 6-5 所示。

表 6-5　运算操作说明

数值	描述
<	小于（默认）
<=	小于或等于
=	等于
>	大于
>=	大于或等于

（3）数值（Value）。输入一个图层强度值，用作比较运算的阈值。读者可以选择一个特征或一个变量。如果要创建一个新变量，需要给新变量输入一个名字并单击 OK 按钮，打开 Create Variable 对话框做进一步设置。必须要选择一个绝对值作为一个参考选项。

（4）容差（Tolerance）。输入一个数值，用作比较运算的阈值容差。必须要选当前的像元值作为参考选项。读者可以选择一个特征或一个变量。

（5）容差模式（Tolerance Mode）。为比较运算的阈值容差选择一种计算模式，必须要选当前的像元值作为参考选项（表6-6）。

表 6-6　容差模式选项说明

数值	描述
绝对值（Absolute）	该容差值表示一个百分比值。例如，20 代表 20 灰度值的容差
百分比（Percentage）	该容差值表示一个百分比值。例如，20 代表阈值的 20% 作为容差

6）候选表面样条参数

使用表面样条选项来平滑对象尺寸调整后的边界（图 6-38～图 6-40）。

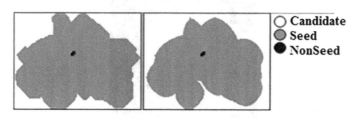

（a）不使用表面样条对分类结果增长 10 次的结果　　（b）使用表面样条对分类结果增长 10 次的结果

图 6-38　候选表面样条参数选择（增长）

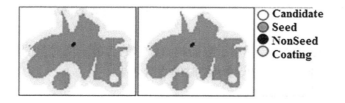

（a）不使用表面样条对分类结果添加 10 次包衣的结果（b）使用表面样条对分类结果添加 10 次包衣的结果

图 6-39　候选表面样条参数选择（包衣）

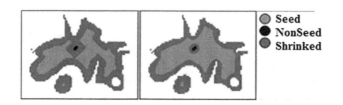

（a）不使用表面样条对分类结果收缩 10 次的结果（b）使用表面样条对分类结果收缩 10 次的结果

图 6-40　候选表面样条参数选择（收缩）

此外，读者可以设置影像对象的形状，表达出没有明显增长或者收缩、边界被作了平滑的情况。

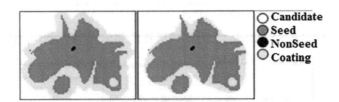

（a）不对分类结果使用基于表面样条添加 10 次包衣并平滑的结果　（b）对分类结果使用表面样条添加 10 次包衣并平滑的结果

图 6-41　候选表面样条参数选择（包衣并平滑）

　　表面样条使用了分类对象的相对面积，指定像素区域特征的类别，在尺寸调整的时候来优化影像对象的形状。在当前的候选像素周围给定大小的立方体内，计算种子像素与盒子里所有的像素的相对面积比（图 6-42）。

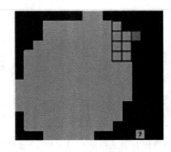

图 6-42　基于当前候选像素（蓝）周围的盒子里的像素，计算种子对象（灰色）的表面样条

　　根据给定的数值来进行比较运算，计算结果可作为当前的候选被分类为种子，否则它就保留当前的分类结果。

　　（1）参考（Reference）。选择用于表面样条计算的当前影像对象的种子像元或某个指定类别的像元。读者的选择会影响尺寸调整时的平滑效果。

　　（2）None。没有激活表面样条。

　　（3）对象（Object）。表面样条是基于影像对象而计算的：在计算盒子内，只提到候选影像对象的像元。这时允许读者在不考虑相邻种子影像对象的条件下对每一个种子影像对象的边界进行平滑（图 6-43）。

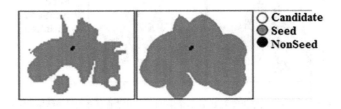

图 6-43　增长时进行基于对象的表面样条计算，可以让影像对象更加分离 "Class"（类别）

　　表面样条是基于给定类别进行计算；在计算盒子的内部，考虑所有给定候选类别的像素。这样可以允许读者对相同类别的相邻影像对象周围的边界进行平滑（图 6-44）。

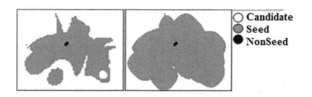

图 6-44　增长时进行基于类别的表面样条计算可以平滑一个类别的多个影像对象

（4）类别过滤器（Class filter）。选择一个候选类别，用于测量相对面积。必须指定一个类别作为参考。

（5）运算（Operation）。选择要执行的比较运算，操作运算说明如表 6-7 所示。

（6）数值（Value）。给表面样条计算输入一个数值，读者可以选择一个特征或一个变量。为了创建新变量，读者可以输入一个新变量的名字，并单击 OK 按钮打开 Create variable 对话框进一步设置。

表 6-7　操作运算说明

数值	描述
>=	大于或等于（默认）
<	小于
<=	小于或等于
=	等于
>	大于

（7）X 和 Y 方向上的盒子大小（Box Size in X and Y）。输入当前候选像素周围的方形盒子在 X 和 Y 方向上像素大小，用于表面样条计算。读者可以输入一个值作为阈值，还可以选择一个特征或一个变量。为了创建新变量，读者可以输入一个新变量的名字，并单击 OK 按钮打开 Create variable 对话框进一步设置，默认值为 5。

（8）Z 方向上的盒子大小（Box Size in Z）。与 X 和 Y 方向上的盒子大小相似，默认值为 1。

7）尺寸限制参数

这些参数限制了增长和收缩操作的尺寸。

（1）最小的对象尺寸（Min Object Size）。当对象尺寸达到最小值时，最小的对象尺寸参数阻止了对象的收缩。这个参数可以有效预防收缩的对象消失（达到了尺寸为 0）。

（2）最大的对象尺寸（Max Object Size）。当对象尺寸达到最大值时，最大的对象尺寸参数阻止了对象的增长。这个参数可以有效预防增长的对象泄漏。

6. Synchronize Map

把一个地图中的影像对象复制到另一个地图中（图 6-45）。

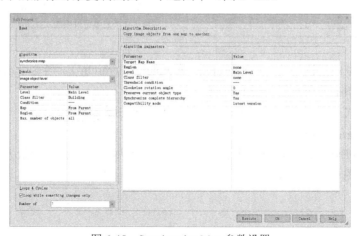

图 6-45　Synchronize Map 参数设置

1）可选择的域

Image Object Level。

2）算法参数

（1）目标地图名称（Target Map Name）。要求填写。使用下拉菜单选择一个已有的地图或地图变量，或者创建一个新的地图变量并给它分配一个值。

（2）区域（Region）。定义一个影像对象复制的目标区域。选择或输入一个已有区域的名字。

读者可以选择输入区域的坐标，通过指定它的起始点（Gx, Gy）来定义区域。起始点是它的左下角，它的尺寸是$[R_X, R_Y, R_Z, R_t]$，输入的形式为（Gx, Gy, Gz, Gt），$[R_X, R_Y, R_Z, R_t]$。

读者可以选择一个变量。为了创建新变量，读者可以输入一个新变量的名字，并单击 OK 按钮打开 Create Variable 对话框进一步设置。

读者也可以通过输入数值来创建一个区域，正确的格式为：（起始 x，起始 y）-（范围 x，范围 y），如（10，20）-（100，110）。

（3）层（Level）。要求填写。选择目标地图中的目标影像对象层。

（4）类别过滤器（Class filter）。选择目标地图中的类别对象（可能被重写）。单击省略号按钮打开 Edit Classification Filter 对话框。默认是 none，那意味着任何类别的对象可能被重写。

（5）阈值条件（Threshold condition）。选择一个阈值条件。与阈值相匹配的影像对象将被重写。单击省略号按钮打开 Select Single Feature 对话框。默认是 none，那意味着任何类别的对象可能被重写。

（6）顺时针旋转角度（Clockwise rotation angle）。这个特征允许读者通过一个固定的数值或根据变量，旋转已经被同步的地图。如果已经使用了 copy map 算法旋转了被复制的地图，那么可以使用旋转角度的相反数（负值），通过 synchronized map 算法来恢复它。

（7）保留当前的对象类型（Preserve current object type）（表 6-8）。

表 6-8　保留当前的对象类型

对象类型选项	说明
Yes	当前的对象类型为所有受影响的对象而保存
No	被修改的对象可以变成不连通的对象

（8）同步完整的层次结构（Synchronize complete hierarchy）。当这个选项被设置为 Yes 时，那么目标地图上的所有层将受到影响。

（9）兼容模式（Compatibility mode）。和之前的软件版本兼容。

7. Find Domain Extrema

Find Domain Extrema 是根据一个影像对象特征，使用最小特征值或最大特征值来分类域中的影像对象（图 6-46 和图 6-47）。

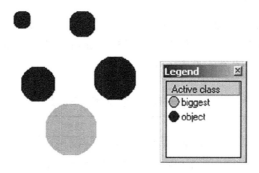

图 6-46 Extrema Type 设置为 Maximum 且 Feature
设置为 Area 的 Find Domain Extrema 结果

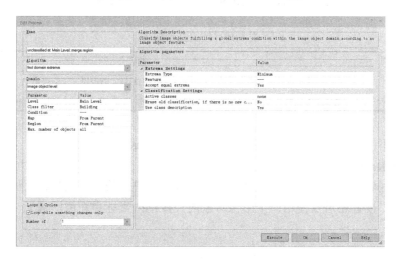

图 6-47 Find Domain Extrema 参数设置

1）可选择的域

Image Object Level；Current Image Object；Neighbor Image Object；Super Object；Sub Objects；Linked Objects；Image Object List。

2）Extrema Settings

（1）极值类型（Extrema Type）。选择 Minimum，使用最小特征值分类影像对象；选择 Maximum，使用最大特征值分类影像对象。

（2）特征（Feature）。选择用于寻找极值的特征。

（3）接受相同的极值（Accept equal extrema）。这个特征允许算法接受相同的极值。如果多个影像对象满足极值条件，那么这个参数定义了算法的行为。如果可以，所有的影像对象将被分类；如果不可以，那么没有影像对象被分类。

（4）4.02 兼容模式（4.02 Compatibility Mode）。从 Value 栏中选择 Yes，可以使其与较低软件版本兼容（4.02 版本和更早的版本），这个参数在后面的版本就被移除了。

3）分类设置

分类设置（Classification Settings）。给所有满足极值条件的影像对象指定类别，至少在算法的激活类别中选择 1 个类别。

（1）激活类别（Active classes）。选择用于分类的激活类别列表。

（2）如果没有新的分类就擦除旧的分类（Erase old classification if there is no new classification）。选项的具体说明见表 6-9。

表 6-9　没有新的分类就擦除旧的分类选项

对象类型选项	说明
Yes	影像对象的所有类别的隶属度值（参考类别设置）在接受的阈值之下，影像对象的当前类别将被删除
No	影像对象的所有类别的隶属度值（参考类别设置）在接受的阈值之下，影像对象的当前类别将被保留

（3）使用类别描述（Use class description）。选项的具体说明见表 6-10。

表 6-10　使用类别描述

对象类型选项	说明
Yes	类别描述可以被所有类别评估。影像对象将分配到最大的隶属度值的类别中
No	类别描述将被忽略。只有激活类别中恰恰只包含一个类别时，这个选项才会传递有价值的结果

如果读者不使用类别描述，建议读者使用 Assign Class 算法。

8. Update Region

修改一个区域变量。读者可以通过定义一个区域变量或输入它的坐标来调整区域的大小或者移动区域，读者还可以使用一个影像对象的外接框的坐标更新激活像元（图 6-48）。

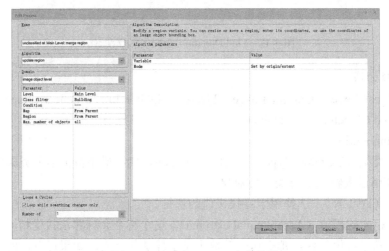

图 6-48　Update Region 参数设置

1）可选择的域

Execute；Image Object Level；Current Image Object；Neighbor Image Object；Super Object；Sub Objects；Linked Objects；Array。

2）算法参数

（1）变量（Variable）。选择一个已有的区域变量或创建一个新的变量，为了创建新变量，读者可以输入一个新变量的名字，并单击 OK 按钮打开 Create Variable 对话框进一步设置。

（2）模式（Mode）。选择运算修改区域变量定义的区域（表 6-11）。

表 6-11　区域变量定义参数说明

数值	描述
Set min/max coordinates	通过输入最小和最大的坐标，设置区域已有的坐标
Set by origin/extent	通过输入起始点和范围，设置区域已有的坐标
Move	通过给已有的坐标输入绝对的移动数值来移动一个区域
Resize	从中心收缩或增长一个区域。输入已有坐标的绝对值或百分比值，见下面的单位和尺寸调整。因为增长是从中心测量的，得到的区域坐标可能是负值。在这种情况下，区域要移动到使各自起始坐标为 0。例如，如果区域是（100，100），[100，100]，增长了 100%之后得到的区域是（50，50），[200，200]；不需要移动；如果区域是（0，0），[100，100]，增长了 100%之后得到的区域是（-50，-50），[150，150]；那么区域就要沿着 x 和 y 方向移动+50，到（0，0），[200，200]
From object	使用包含域中所有影像对象的外接框的坐标
From array	选择一个读者定义的数组（更多信息请参考读者指南）
Check bounds	一个区域可以部分或全部在场景之外，例如，初始化 main map 中的区域变量之后，在新的地图中使用。这个模式确保了区域能够适合进程域中指定的场景。例如，如果区域（100，100），[9999，9999]应该用在（500，500）的场景中，选择 Check bounds 把区域截断到（100，100），[500，500]；如果区域（-100，-100），[9999，9999]应用在（500，500）的场景内，选择"Check bounds"把区域截断到（0，0），[500，500]
Active Pixel	基于激活的 pixel/voxel 定义一个区域。激活的 pixel/voxel 的坐标用于区域的起始点，每个维度的范围是 1
Assign	把区域设置到与 Assign Region 指定区域相同的数值

9. Chessboard Segmentation

棋盘分割算法把像素域或影像对象域分裂成正方形的影像对象。一个正方形网格与影像的左边界和上边界对齐。域中的所有对象使用固定的大小，且每个对象沿着这些网格线来裁切（图 6-49 和图 6-50）。

图 6-49　对象大小为 20 的棋盘分割的结果

1）可选择的域

Pixel Level；Image Object Level；Current Image Object；Neighbor Image Object；Super Object；Sub Objects；Linked Objects；Image Object List。

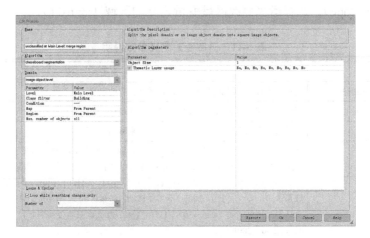

图 6-50　棋盘分割算法参数设置

2）算法参数

（1）对象大小（Object Size）。对象大小指定了以像素为单位的正方形网格的大小，变量将四舍五入到相邻的整数。

（2）层名称（Level Name）。在 Level Name 栏中，输入一个新的影像对象层的名字。这个参数只能在进程对话框中选择 Pixel Level 作为域的时候才可用。

（3）重写已有的层（Overwrite Existing Level）。这个参数只有在选择了 Pixel Level 时可用。它允许读者自动删除 Pixel Level 上面一个已有的影像对象层，并使用分割创建的新层来代替它。

（4）使用专题图层（Thematic Layer usage）。在 Thematic Layers 栏中，指定分割额外考虑的专题图层。当可以一直访问它的专题信息时，每个用于分割的专题图层将导致影像对象的进一步分裂。读者可以使用多个专题图层来分割一个影像。得到的影像对象表现出了矢量图层之间适当的交叉。如果读者想仅基于专题图层信息来产生影像对象，读者可以选择比影像尺寸更大的棋盘尺寸。

10. Compute Statistical Value

在域内的特征分布上执行一个统计运算，并把结果存储在一个场景变量中（图 6-51）。

1）可选择的域

Image Object Level；Current Image Object；Neighbor Image Object；Super Object；Sub Objects；Linked Objects；Image Object List

2）激活类别

选择用于分类的激活类别列表。

3）算法参数

（1）变量（Variable）。给新创建的变量选择一个已有的变量或输入一个名字。如果读者还没有创建变量，打开 Create Variable 对话框，这一栏中只有场景变量可以使用。

（2）运算（Operation）。操作运算统计变量说明如表 6-12 所示。

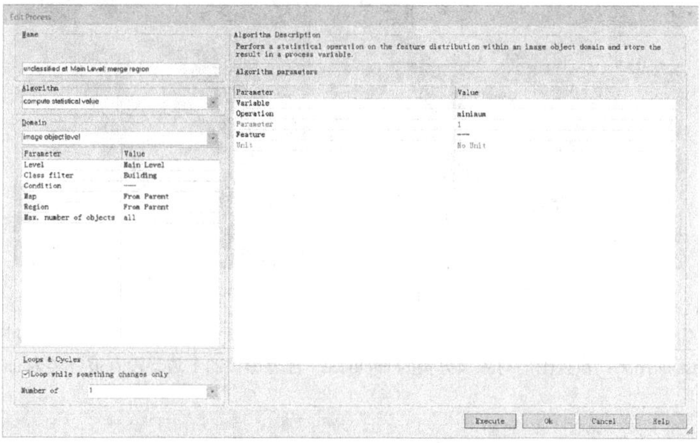

图 6-51 compute statistical value 参数设置

表 6-12 操作运算统计变量说明

数值	描述
Number	当前所选域中的对象总数
Sum	返回所选域中所有对象的特征值的总数
Maximum	返回所选域中所有对象的特征值的最大值
Minimum	返回所选域中所有对象的特征值的最小值
Mean	返回所选域中所有对象的特征值的平均值
Standard Deviation	返回所选域中所有对象的特征值的标准方差
Median	返回所选域中所有对象的特征值的中位数
Quantile	返回所选域中具有较小特征值的指定百分比的对象的特征值

（3）参数（Parameter）。如果读者已经选择了 Quantile（分位数）操作，指定百分比阈值。

（4）特征（Feature）。选择用于执行统计运算的特征，如果读者选择 Number 作为运算符，则不可以用这个参数。

（5）单位（Unit）。读者可以选择运算的单位，对于位置特征（如 X Max），读者可以从下拉单中选择"Pixels"，返回相对的对象位置（如在瓦片或子集中的位置）。如果读者选择了一个位置特征，读者可以在下拉单中选择坐标系，如果需要可以使用绝对的坐标。

11. Update Variable

关于 Update Variable 算法详解，请参考第 5 章 5.6 节算法详解第 6 小节内容。

12. Image Object Fusion

关于 Image Object Fusion 算法详解，请参考第 5 章 5.6 节算法详解第 17 小节内容。

13. Find Enclosed by Class

寻找并分类完全落在属于指定类别的影像对象中的影像对象。

如果影像对象落在影像的边界上，那么不能通过 Find Enclosed by Class 来找到它并分类。它的轮廓线与影像边界的公共部分将不能被识别为封闭边界（图 6-52 和图 6-53）。

图 6-52　Find Enclosed by Class 的输入与结果

左图为 Find Enclosed by Class 的输入：Domain 为 Image Object Level，Class Filter 为 N0，N1，包围类别为 N2。右图为 Find Enclosed
by Class 的结果：被包围的对象被分类为 enclosed。注意影像的上边界没有被分类为 enclosed

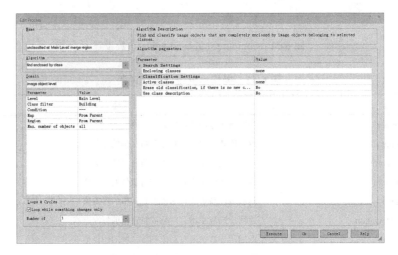

图 6-53　find enclosed by class 参数设置

1）可选择的域

Image Object Level；Current Image Object；Neighbor Image Object；Super Object；Sub Objects；Linked Objects；Image Object List。

2）搜索设置

（1）包围类别（Enclosing classes）。选择可以包围影像对象的类别。

（2）兼容模式（Compatibility Mode）。从 Value 栏中选择 Yes，可以与之前的软件版本（3.5 版本和 4.0 版本）相互兼容。这个参数在后面的版本中被移除。

3）Classification Settings

选择应该用于给被包围的影像对象分类的类别。

（1）激活类别（Active classes）。选择分类的激活类别列表。

（2）如果没有新的分类就擦除旧的分类（Erase old classification if there is no new classification）（具体见表 5-9）。

（3）使用类别描述（Use class description）（具体见表 5-10）。如果读者不使用类别描述，建议读者使用 Assign Class 算法。

第7章 Architect 应用

7.1 Architect 应用介绍

7.1.1 eCognition Architect

eCognition Architect 能够让非专业人员，如植被制图专家、城市规划人员或林业工作者掌握基于对象的解译技术。读者可以很容易地配置、校准和执行在 Developer 中创建的影像分析工作流程。在本模块中，将学习如何轻松使用 Architect 应用。

7.1.2 创建 Architect 应用

在 eCognition Developer 中，可以创建 Architect Applications，这是一个简化的界面，读者可以自行调整和执行规则集，在 Analysis Builder 中一步一步定义单个的操作，操作设定值与规则集交互（图 7-1）。

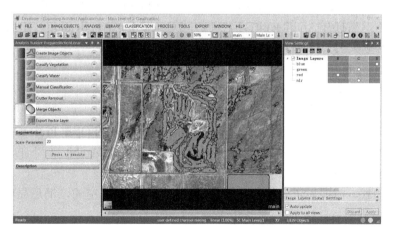

图 7-1 加载动作库

Application 的组成：①操作库的操作有滑块、复选框和文本字段。②算法和变量，负责操作中的读者设置值与规则集的交互。③纯粹的规则集（分割和分类）（图 7-2）。

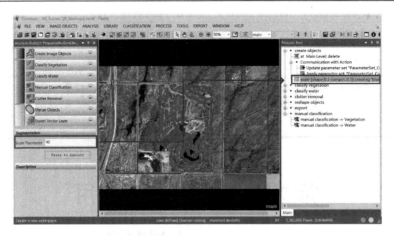

图 7-2　规则集和动作之间的连通

7.2　编辑已有的 Architect 应用

7.2.1　启动 Architect 并加载操作库

如果想创建或使用一个 Architect 应用，可以启动 eCognition Developer 并切换到预定义视图设置"Configure Analysis"。

如果只是想使用一个 Architect，只需要启动 eCognition Architect。与 Developer 不同的是，Architect 没有 Process Tree 和 Class Hierarchy，只有一个预定义的操作库可以加载并运行。

在本节中，使用了一幅 QuickBird 影像中的一块。在本练习中使用的工程是空的，没有加载 Application（→Action Library），在本节中会加载并探讨一个已有的操作库。

默认情况下，当打开 Architect 时，自动加载 QuickMap Application。如果需要使用一个不同的库，则必须关闭当前库。

（1）启动 eCognition Architect。

（2）切换到预定义视图设置 Configure Analysis。

（3）转到主菜单 Library，并选择 Close Action Library…。

（4）在主菜单 File 选择 Open Project…或者单击工具栏上的 Open Project 按钮。

（5）打开数据所在的文件夹…\WhatsNew_eCog8\Projects\Architect 下的工程 Exploring Architect Application.dpr。

工程已经加载，将要显示操作的 Analysis Builder 仍然是空的，消息显示：No Library Loaded（图 7-3）。

7.2.2　载入一个操作库

一个操作库存储在一个文件夹中，操作库文件以.dlx 结尾，属于该操作库的操作以.xml 文件格式存储。要加载一个操作库，只需要指向该动作库的文件夹即可（图 7-4）。

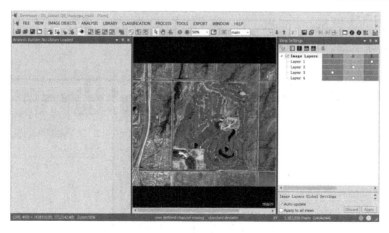

图 7-3　加载 Analysis Builder 空库

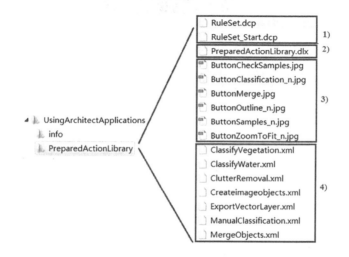

图 7-4　动作库文件

一个完整的操作库包含下列文件：①规则集；②操作库；③按钮的图像文件；④操作库包含的操作。

（1）转到主菜单 Library，并选择 Open Action Library…。

（2）浏览数据所在的文件夹…\06_UsingArchitectApplications。

（3）选择文件夹 PreparedActionLibrary 并单击 OK 按钮。

注意：如果文件夹中不包含操作库，则"浏览文件夹"对话框中的"确定"按钮显示为灰色。

操作库 PreparedActionLibrary 加载后，操作组 Add Segmentation、Add Classification 和 Add Merge and Export 显示还没有添加单个操作（图 7-5）。

7.2.3　添加操作并排序

1. 添加操作

在 Analysis Builder 中，单击第一组 Segmentation 中的 Add Segmentation 链接。Add Actions

对话框打开，自动选择 Segmentation 组，这个组的 ID 为<A>，包含一个操作：Create Image Objects。在 Filter 下拉列表中可以选择其他组（图 7-6）。

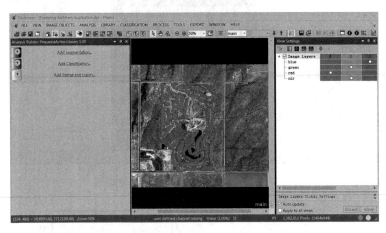

图 7-5　打开 Analysis Builder 中还没有加载动作

图 7-6　添加动作对话框，显示动作组 Segmentation 中的所有动作

2. 从 Filter 下拉列表中选择 Classification

如果选择组"Classification"，这个组包含的所有操作都将显示如下：Classify Vegetation；Classify Water；Clutter Removal；Manual Classification。该组的 ID 为 <B>（图 7-7）。

3. 从 Filter 下拉列表中选择 All

如果选择 All，则该操作库的所有操作都将显示。所加载的操作库有三个组：A=Segmentation， B=Classification， C=Merge and Export（图 7-8）。

 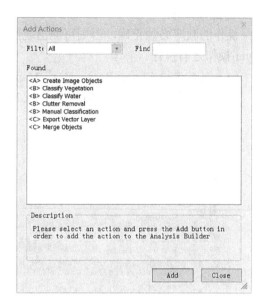

图 7-7　添加动作对话框，显示动作组　　　　图 7-8　添加动作对话框，显示所有动作
　　"Classification"中的所有动作

这些组有以下操作：A=Segmentation；Create Image Objects。B=Classification；Classify Vegetation；Classify Water；Clutter Removal；Manual Classification。C=Merge and Export；Export Vector Layers；Merge Objects。

双击单个操作，将其添加到 Analysis Builder。所有操作都添加到 Analysis Builder 后，关闭 Add Actions 对话框。

现在，所有操作都作为单独条加入到 Analysis Builder 中，分组位于 Segmentation，Classification，Merge and Export 中（图 7-9）。

注意：如果想直接从 Analysis Builder 添加一个操作，使用加号"+"，如果想删除一个操作，使用减号"−"。

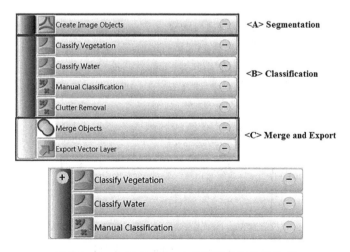

图 7-9　Analysis Builder 中所有动作组的动作库

4. 操作排序

操作的顺序必须正确，否则可能出现冲突，如 Merge Objects 操作必须在 Export Vector Layer 操作之前执行。

（1）左键选择 Clutter Removal 或 Manual Classification，上下拖动模块。

（2）左键选择 Export Vector Layer 或 Merge Objects，上下拖动模块。

操作的新序列如图 7-10 所示。

（a）使用左键拖动排序操作　　　　　　　　　　（b）排序后的操作

图 7-10　排序操作

7.2.4　配置并执行操作

操作加载并排序后，就可以编辑和执行。

如果一个操作被选中，Analysis Builder 的下部显示该操作的各个属性（部件）。每个操作可以有多个部件，如文本框、按钮、下拉列表等。每个属性都有相应的描述。如果将鼠标悬停在属性上，则显示描述。

1. 配置并执行 Create Image Objects

操作 Create Image Objects 旨在应用多尺度分割。

该操作有两个部件：可以设置分割尺度值的尺度参数文本框和执行操作的按钮 Press to execute（图 7-11）。

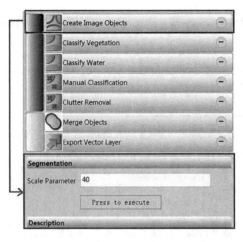

图 7-11　Create Image Objects 操作及其部件

在 Analysis Builder 中选择 Create Image Objects 操作：在 Scale Parameter 字段中输入值 40；单击 Press to execute 按钮，处理开始。使用尺度参数 40 创建影像对象层 Main Level 的结果如图 7-12 所示。

图 7-12　尺度参数设为 40 并执行，创建影像对象层"Main Level"

将 Scale Parameter 字段中的值改为 20，再次单击 Press to execute 按钮，结果如图 7-13 所示。

图 7-13　尺度参数值设为 20 并重新执行，原来的"Main Level"层被覆盖，创建了较小对象的层

2. 配置并执行 Classify Vegetation 和 Classify Water

1）植被分类

操作 Classify Vegetation 的作用是使用 NDVI 特征对植被分类。该操作有两个属性：一个用来设置 NDVI 均值的滑块和一个执行操作的 Press to execute 按钮。

（1）在 Analysis Builder 中选择操作 Classify Vegetation。

（2）将 Mean NDVI 旁边的滑块调节至 0.4。

（3）单击按钮 Press to execute。处理开始，NDVI 均值超过 0.4 的被分类为植被（图 7-14）。

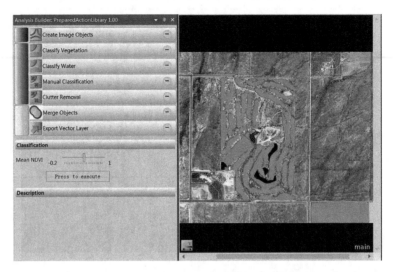

图 7-14　操作 Classify Vegetation 及其部件（滑块设置为 0.4，相应地分类出植被）

（4）将 NDVI 滑块调至 0.3。

（5）再次单击 Press to execute 按钮。处理再次开始，NDVI 均值超过 0.3 的被分类为植被（图 7-15）。

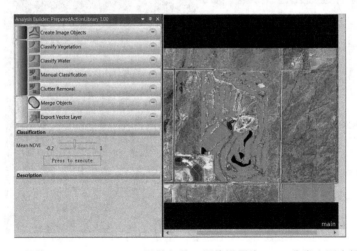

图 7-15　操作 Classify Vegetation 及其部件（滑块设置为 0.3，分类出更多植被）

2）水体分类

操作 Classify Water 有两个属性：一个滑块，用来设置 Ratio nir 的值，和一个执行操作的 Press to execute 按钮。

（1）在 Analysis Builder 中选择操作 Classify Water。

（2）调节 Ratio nir 旁边的滑块，并单击按钮 Press to execute 直到对分类结果满意为止。

（3）Ratio nir 小于 0.2 时，水体分类基本正确（图 7-16）。

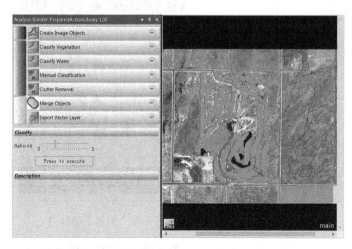

图 7-16　操作 Classify Water 及其部件（滑块设置为 0.2，相应地分类出水体）

3. 操作 Manual Classification

操作 Manual Classification 的目的是手动修改前面操作的分类结果。植被或者水体都手动单击对象进行分类。

与前面的操作不同的是，现在操作的属性中显示三个按钮：①用来分类或者清除植被；②用来分类或者清除水体；③用来编辑类。

4. 手动分类

（1）在 Analysis Builder 中选择操作 Manual Classification。

（2）单击 Vegetation 按钮使之激活。

（3）在未分类对象上单击，将它们分类为植被，或者在已分类为植被的对象上单击使它们成为未分类对象。

（4）单击 Water 按钮使之激活。

（5）在未分类对象上单击，将它们分类为水体，或者在已分类为水体的对象上单击使它们成为未分类对象。

5. 编辑类

单击 Edit Classes 按钮，可修改类的颜色和名称(图 7-17)。

6. 操作 Clutter Removal

本操作中有一个下拉列表，在这里可以选择将 Clutter Removal 应用到哪些类。该操作去掉太小的对象。

（1）在 Analysis Builder 中选择操作 Clutter Removal。

（2）从下拉列表中选择植被（图 7-18）。

（3）单击 Press to execute 按钮。

（4）从下拉列表中选择水体。

（5）再次单击 Press to execute 按钮（图 7-19）。

太小的对象重分类。

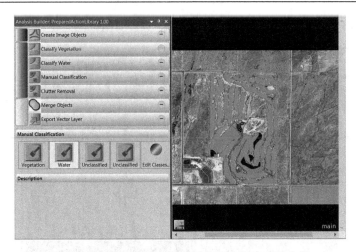

图 7-17　一个用来编辑类，另外两个用来手动分类

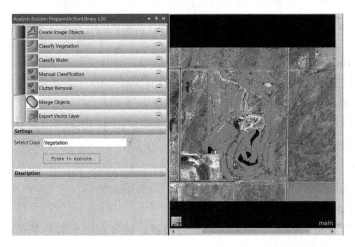

图 7-18　操作 Clutter Removal 及其部件，从下拉列表中选择植被

图 7-19　执行 Clutter Removal 之后的分类

7. 配置并执行 Merge Objects

该操作有一个下拉列表,在这里可以选择要合并的类。

该操作还包含一个调整大小的部分,它可以平滑不规则碎形轮廓,在该操作中这个处理不可见且不能进行调整(图 7-20)。

图 7-20 操作 Merge Objects 及其部件,从下拉列表中选择植被

(1)在 Analysis Builder 中选择操作 Merge Objects。

(2)从下拉列表中选择植被。

(3)单击 Press to execute 按钮。

(4)从下拉列表中选择水体。

(5)再次单击 Press to execute 按钮。

(6)对未分类对象重复以上操作。

执行完成后所有对象都合并且调整了大小(图 7-21)。

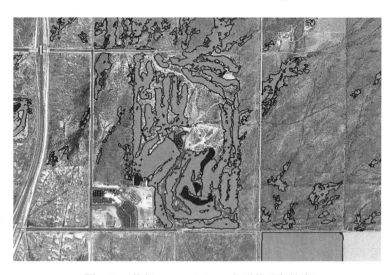

图 7-21 执行 Merge Objects 之后的对象轮廓

8. 配置并执行 Export Vector Layers

该操作有一个下拉列表,在这里可以选择要导出的层。另外,有一个复选框,可以选择

矢量是否进行平滑处理。所有类别及其面积都会被导出。

（1）在 Analysis Builder 中选择操作 Export Vector Layer。

（2）从下拉列表中选择 Main Level。

（3）勾选 Smoothing 以获得边界平滑的矢量。

（4）单击 Execute the export 按钮。

导出的矢量文件存储在设置的路径下（图 7-22）。

图 7-22　操作 Export Vector Layer 及其部件（从下拉菜单中选择 Main Level，勾选 Smoothing）

第 8 章 创建 Architect 应用

本模块中，将学习如何创建一个 Architect 应用；创建一个新的、空的功能模块库（Action Library），并学习如何在 Analysis Builder 中配置功能模块（Action），以及如何设置变量和参数组来连接规则集（Rule Set）与功能模块（Action）。

8.1 新应用的创建

8.1.1 如何连接规则集与应用

为了能够把功能模块（Action）内的值传递给规则集，功能模块与规则集必须能够彼此沟通。连接功能模块与规则集之间的部分就是参数集（Parameter）。创建参数集和修改规则集必须包含以下四个部分。

（1）功能模块（Action）的配置。

（2）参数集：包含功能模块（Action）中的变量。

（3）规则集：应用变量代替固定值。

（4）规则集必须包括具体算法：①Update 算法，更新参数集部分变量值。②Apply 算法，将变量值应用到规则集（图 8-1 和图 8-2）。

图 8-1　Architect 应用组成

建立连接的工作流程包括：①创建变量和参数集。②创建带有控件的功能模块。③用变量取代规则集里的固定值。④在规则集里添加 Update 和 Apply 算法来更新和应用参数。

8.1.2 创建新的功能库

在规则集转变为功能模块之前，需要创建一个新的功能库。

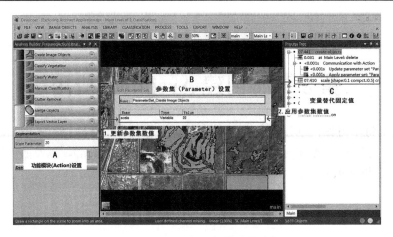

图 8-2　规则集与功能模块的连接

1. 准备阶段

（1）打开 eCognition Developer。

（2）选择预定义视图设置第 2 个选项 Configure Analysis。

（3）打开数据文件夹…\07 CreatingArchitectApplications 中的工程文件 Building Architect Application_start.dpr。

（4）在 Process Tree 窗口里打开规则集 RuleSet_Start.dcp。

2. 创建新的功能库

（1）在主菜单中选择 Library→New Library，创建新的功能库，打开 Create New Action Library 对话框。

（2）转到…\07 CreatingArchitectApplications，输入名称，如 My first Action library。

（3）单击 OK 按钮。

新的功能库文件夹将会创建，当编辑功能库时，dlx 文件将会存储到此文件夹中。

此功能库文件将会在 Analysis Builder 窗口中打开。Analysis Builder 窗口中会显示 Edit Library: My first Action Library。打开编辑模式，开始编辑功能库（图 8-3）。

图 8-3　Analysis Builder 下创建的功能库

8.1.3　Analysis Builder 结构

Analysis Builder 的组成模块遵循一定的结构。所有的组成模块以分层的方式组合在一起：四个组成部分必须按照这个分层方式添加到 Analysis Builder 中（图 8-4）。

8.1.4　规则集的初始化

功能模块创建前，必须先打开对应的规则集。

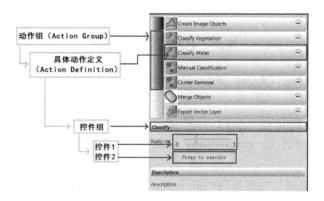

图 8-4　Analysis Builder 分层结构示意图

　　打开规则集，此规则集包括分割、分类、修改和输出。此时功能模块中还没有设置和使用任何东西：没有变量，也没有连接功能模块的算法。

　　调用的规则集包括六个部分，之后会添加第七部分——手工分类部分。这六部分为：①create objects；②classify vegetation；③classify water；④clutter removal；⑤reshape objects；⑥export（图 8-5）。

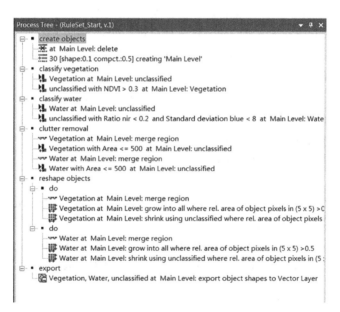

图 8-5　初始规则集的加载

　　（1）在主菜单 Process 中选择 Process Tree。

　　（2）右键单击 Process Tree，选择…\07 CreatingArchitectApplications 文件夹下的 RuleSet_start.dcp。

　　注意：应用到功能模块规则集中的父流程不可同名。

8.2　创建对象模块

功能模块 Create Image Objects 将会由一个输入"scale"参数的文本框和执行此程序的按钮组成。

在设置 Analysis Builder 中的具体功能之前，必须创建参数集（Parameter）及变量（Variable）。之后创建分割（Segmentation）功能模块组，定义和配置功能模块"Create Image Objects"。

功能模块定义中主要是规则集应用的定义、创建的参数集及应用的变量的定义。

功能模块定义配置之后，将会添加一个窗口控件组（Widget Group）：两个窗口控件，分别是一个文本框和一个按钮。

8.2.1　创建参数集和变量

读者可以在创建功能模块及其窗口控件之前创建参数集，也可以边创建功能模块及其窗口边创建参数集，本案例中参数集及变量是在功能模块建立之前创建的。

1. 创建变量 scale

对于功能模块来说，场景（Scene）变量必须创建并取代规则集中的固定值。

在本案例中，多尺度分割参数 scale 将会被设置为变量。

（1）主菜单中选择 Process→Manage Variables...，Manage Variables 对话框将会打开，可以添加、编辑及删除所有变量，确保选中 Scene 标签。

（2）选择 Add...按钮，打开 Create Scene Variable 对话框，在 Name 中填写 Scale，单击 OK 按钮确定，场景变量创建完成。

（3）关闭 Manage Variables 对话框。

应用到功能模块及规则集的变量创建完成。

2. 创建参数集

（1）主菜单中选择 Process→Manage Parameter Set...→ Manage Parameter Set...，可以添加、编辑、保存、更新及应用参数集。

（2）单击 Add...按钮，打开 Select variable for parameter set 对话框。

（3）双击场景变量 scale，并移动至 Selected 窗口，单击 OK 按钮确定（图 8-6）。

（a）创建场景变量对话框

图 8-6　场景管理

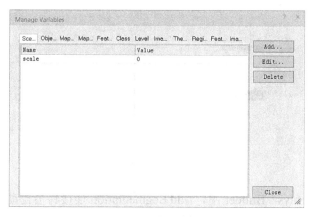

（b）管理场景变量对话框（已经添加了"scale"变量）

图 8-6（续）

（4）打开 Edit Parameter Set，添加变量到参数集。

（5）在 Name 字段中输入 ParameterSet_Create Image Objects。

（6）单击 OK 按钮确定。

在 Manage Parameter Sets 对话框中创建和添加参数集，功能模块设置完成并应用到规则集中（图 8-7 和图 8-8）。

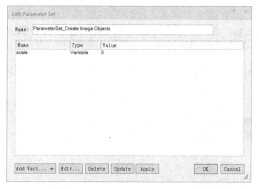

图 8-7　Edit Parameter Set 对话框

图 8-8　Manage Parameter Sets 对话框

8.2.2　创建第一个功能组

所有的操作都被存储到功能模块组中，即使只有一个操作，也必须指定到一个功能模块组中。因此，首先要做的是为空的功能库（Action Library）添加功能模块组（Action Group）。

（1）在 Analysis Builder 上半部分的任意地方右键单击，选择 Add Group，打开 Edit Group 对话框。

（2）在 Name 中输入 Segmentation。

（3）ID 保持 A。

（4）为创建的组选择颜色。

（5）单击 OK 按钮确定（图 8-9）。

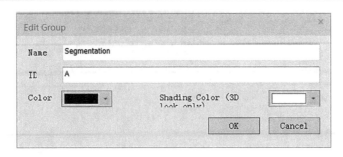

图 8-9　Edit Group 对话框

分割组添加到 Analysis Builder 中，Add Segmentation 连接将会自动插入进来。这个连接指向添加动作（Add Action）对话框（图 8-10）。

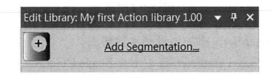

图 8-10　带有分割功能组的 Analysis Builder

8.2.3　创建功能模块定义

创建并配置第一个功能模块 Create Image Objects，这个模块将会连接已经建好的参数集及变量（图 8-11）。

这个模块将会指向包括多尺度分割的 create objects 父程序，这个规则集现在处于原始状态，规则集将会在后续中修改（替代固定值，添加更新和应用参数集的进程）。

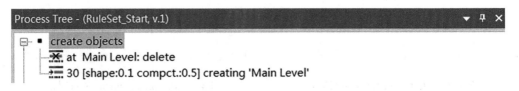

图 8-11　带有初始进程 Create Image Objects 的进程树

在 Analysis Builder 中点击分割组，使其处于活动状态。右键单击并选择 Add Action Definition，打开功能模块定义 Action Definition 对话框（图 8-12）。

1. 常规设置

（1）定义新功能的名字 Create Image Objects。

（2）在 Description 中描述模块功能。

（3）单击 Icon 栏后的...按钮，浏览...\07 CreatingArchitectApplications\Icon 文件，选择 Button Outline_n.jpg。

（4）Action 栏中自动添加了新功能模块的名字 Create Image Objects。

（5）Group 栏中当前组的模块归属，从下拉菜单中选择。

（6）选择对话框左边的 Use action only once，避免在 Analysis Builder 中重复添加。

图 8-12　Create Image Objects 操作定义

2. 参数集定义

参数集组合框提供了所有参数集，这些参数将会在 Manage Parameter Set 中罗列出来。如果没有参数集，就要去创建，可以简单地通过输入参数名字来创建。

在本案例中，参数集已经存在，可以从下拉菜单中获取。

从参数集的下拉菜单中选择 Parameterset_Create Image Objects。

3. 规则集和进程的定义

（1）单击 Rule Set 栏后的…按钮，浏览\WhatsNew_eCog8\Projects\Architect\Icons 文件，选择 RuleSet_Start.dcp。

（2）在 Process to 中具体指定进程的名字和路径，这里是 create objects。

注意：如果需要指向子程序，用"/"来标明进程树中的层次关系，例如，Vegetation Classification/Classify Trees 将会执行 Vegetation Classification 的子程序 Classify Trees。

（3）单击 OK 按钮确定。

Create Image Objects 的操作将会添加到功能库（Action Library）中（图 8-13）。

图 8-13　Analysis Builder 对话框

8.2.4　添加控件组到功能模块定义

要添加窗口控件到功能模块，首先要添加一个控件组，然后需要在 Analysis Builder 底面窗口构建相关的窗口控件。

（1）在 Analysis Builder 上部窗口选择功能模块定义 Create Image Objects。

（2）右键单击底面窗口背景，选择 Add Group，这时将会打开组属性（Group Properties）窗口（图 8-14）。

（3）输入名字 Segmentation，单击 OK 按钮确定。两个控件 Segmentation 和 Description 就会添加到功能模块（Action）中（图 8-15）。

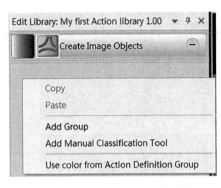

图 8-14 添加窗口组件向导

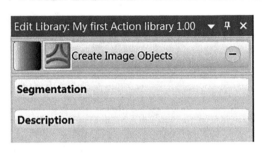

图 8-15 Analysis Builder 窗口

8.2.5 添加窗口控件到功能模块

需要为动作添加两个小控件来创建影像对象，一个文本区域用于插入尺度参数的值，一个按钮用于执行该进程。可以通过添加图 8-16 所示的控件到动作描述中。

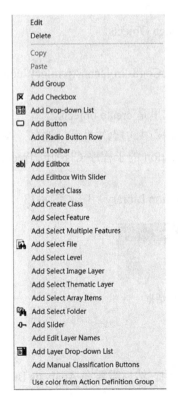

图 8-16 可用工具条

图 8-17 Scale Parameter 控件设置工具

1. 添加文本区域以插入尺度参数

在此动作中，选择 Add Editbox 用于插入多尺度分割的值。

（1）在 Segmentation 组上面右键单击并选择 Add Editbox，Editbox Widget Configuration 对话框打开（图 8-17）。

（2）在 Text 字段输入 Scale parameter。

（3）在 Description 字段中输入 Enter scale parameter。

（4）在 Variable 字段下拉菜单中选择 scale。

（5）单击 OK 按钮确认。字段框就会添加到 Analysis Builder，如果鼠标在该处挪动，就会显示出 Description（图 8-18）。

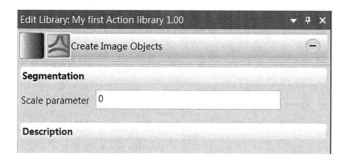

图 8-18　Analysis Builder 中的 Create Image Objects 动作及参数

2. 添加按钮用于执行分割

（1）再次在 Segmentation 组上面右键单击选择 Add Button。

（2）删除 Text 字段中的内容，以及 Description 字段中的内容。

（3）在 Process on press 字段中输入 Create Objects。

（4）在 Button Text 字段中输入 Press to execute。

（5）单击 OK 按钮确认（图 8-19）。

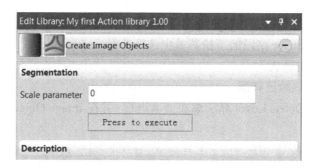

图 8-19　Analysis Builder 中的 Create Image Objects 动作及执行的按钮

8.2.6　更改和扩展规则集

现在动作定义已经配置和添加到 Analysis Builder，规则集必须进行修改和扩展才能与动作连通，同时避免误执行。

针对当前的动作，①固定的阈值会被替换为变量 Scale。②添加一个进程用来删除全部已有的层。③添加两个进程，一个用于更新所设置的参数集（Update parameter set），另一个进程用于将这些值执行到规则集（图 8-20 和图 8-21）。

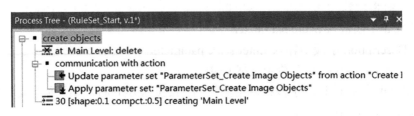

图 8-20　动作 Create Image Objects 的进程

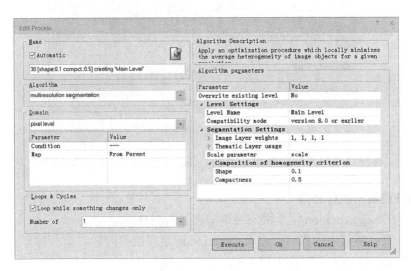

图 8-21　设置 multiresolution segmentation 进程

1. 使用变量 scale 进行替换

（1）在进程树中右键单击"30 [shape:0.1 compact.:0.5]creating 'Main Level'"并打开。

（2）在 Scale parameter 字段的下拉菜单中选择变量 scale。

（3）单击 OK 按钮确认。

2. 添加进程用于删除已有层

在进程树中使用 Delete Level 算法添加一个进程，并在 Image Object Domain 中选择 Main Level（图 8-22）。

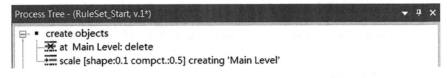

图 8-22　初始进程

3. 添加进程用于更新和应用动作的参数集

已添加了两个进程用于创建和动作之间的连通。

（1）从行动中更新参数。

（2）单击应用设置。

（3）在删除层的操作"at Main Level: delete"下面添加一个新的父进程。

（4）输入 Communication with Action（图 8-23）。

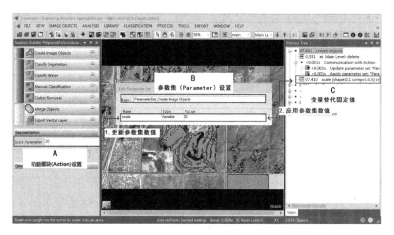

图 8-23 更新和应用动作参数集

4. 添加进程用于更新动作的参数集

（1）从进程的算法列表中的 Parameter set operations 类目下插入一个子进程并选择算法 update parameter set from action。

（2）在 Action ID 字段的下拉列表中选择"Create Image Objects"。

（3）在 Parameter set name 字段中选择"ParameterSet_Create Image Objects"（图 8-24）。

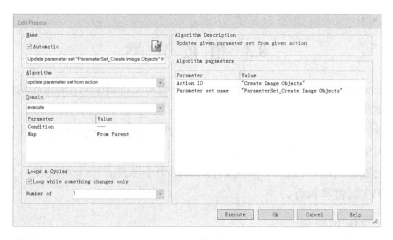

图 8-24 使用 update parameter set from action 算法对 Create Image Objects 规则使用参数集 ParameterSet_Create Image Objects 的进程设置

5. 向进程中添加 Apply Parameter to Rule Set

（1）添加一个新进程选择 apply parameter set 算法。

（2）在字段 Parameter set name 中选择"ParameterSet_Create Image Objects"（图 8-25）。

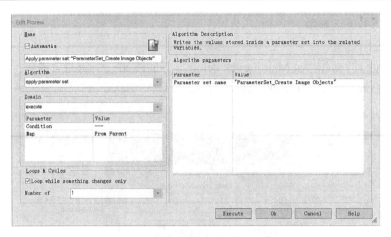

图 8-25　利用 apply parameter set 进程参数设置 ParameterSet_Create Image Objects 参数集

6. 测试已创建的动作 Create Image Objects

（1）保存规则集到 "My first Action Library" 文件夹中，不要重命名。

（2）在主菜单 Library 下勾 Edit Action Library。

（3）在动作中输入一个参数并单击 Press to execute 按钮执行该进程（图 8-26）。

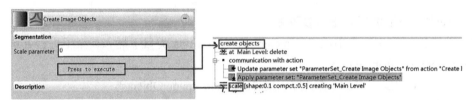

图 8-26　创建 Create Image Objects 规则集

8.3　植 被 分 类

与 Create Image Objects 动作的创建一样，现在要对 Classify Vegetation 动作进行定义，首先是创建参数集和变量。

然后创建新的动作组 Classification 以及配置添加 Classify Vegetation 动作定义。在动作定义时会使用规则集和已经创建的参数集和变量。

动作定义配置好之后，添加一个小控件组和两个小部件，一个滑块和一个按钮用于设置植被分类的 NDVI 阈值和执行。

8.3.1　创建参数集和变量

1. 创建变量 ndvi_threshold

由于变量尚未创建，规则集中的值为固定值，assign class 进程中的阈值条件将使用变量进行控制（图 8-27）。

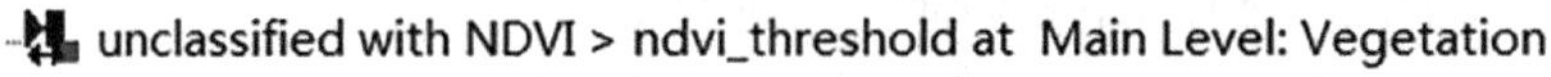

unclassified with NDVI > ndvi_threshold at Main Level: Vegetation

图 8-27　使用变量 ndvi_threshold 的进程

（1）在菜单栏 Process 中选择 V=Manage Variables。打开 Manage Variables 对话框，可以添加，编辑及删除各种类型的变量。

（2）确定选中的是 Scene 标签。

（3）单击 Add 按钮，打开 Create Scene Variable 对话框。

（4）在 Name 字段输入 ndvi_threshold，单击 OK 按钮，全局变量创建完成。

（5）关闭 Manage Variables 对话框。变量已经创建，可以在动作和规则集中使用。

2. 创建参数集

（1）在主菜单的 Process 中选择 V=Manage Parameter Set，打开 Manage Variables 对话框，可以添加、更新、应用参数集。

（2）单击 Add 按钮，打开 Select Variable for Parameter Set 对话框。

（3）双击变量 ndvi_threshold，将该变量移到右侧 Selected 中，单击 OK 按钮。打开对话框 Edit Parameter Set，变量添加到参数集中。

（4）在 Name 字段中输入 ParameterSet_Classify Vegetation，单击 OK 按钮确认。

（5）参数集创建并添加到 Manage Parameter Set Dialog 中，可以把它添加到动作中，用于规则集（图 8-28）。

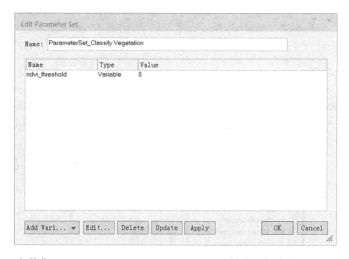

图 8-28　参数集 ParameterSet_Classify Vegetation 已创建，包含变量 ndvi_threshold

8.3.2　创建动作组

动作库包含一些用于分类的动作，它们会在 Classification 动作组中进行分组，勾选 Library→Edit Action Library。

（1）在 Analysis Builder 上部的任意部分右键单击，选择 Add Group。

（2）在 Name 中输入 Classification。

（3）ID 设置为 B。

（4）选择一个用于组的颜色。

（5）单击 OK 按钮确认（图 8-29）。

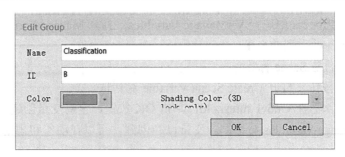

图 8-29　Classification 动作组的设置

该组被添加到 Analysis Builder 中，其链接 Add Classification 会自动输入。该链接会触动 Add Action 对话框（图 8-30）。

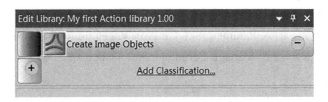

图 8-30　Analysis Builder 中添加了动作库 Classification

8.3.3　创建动作定义

创建和配置 Classify Vegetation。动作会连接到已创建的参数集和变量中。

该动作将指向"classify vegetation"父进程，父进程包含 Classification 进程（图 8-31）。

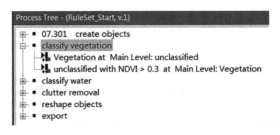

图 8-31　初始进程

1. 常规设置

（1）在 Classification 动作库的任意部分右键单击，选择 Add Action Definition。

（2）输入新动作的名称 Classify Vegetation。

（3）单击 Icon 字段旁边的…按钮并转到\07 CreatingArchitectApplications\Icon，选择 ButtonClassification_n.jpg。

（4）Action 字段命名为 Name 字段中的名称。

（5）Group 反映该动作应属于的当前组，要移动它可在下拉列表中选择另一个组。

（6）将 Use action only once 勾选框勾选，这样可以避免动作被再次添加到 Analysis Builder 中（图 8-32）。

图 8-32　用于 Classify Vegetation 的动作定义

2. 定义参数集、规则集和要执行的进程

从下拉列表中选择参数集。

（1）在 Rule Set 组的 Parameter 下拉列表中选择 ParameterSet_Classify Vegetation。

（2）单击 Rule set 字段旁边的…按钮并转到\07 CreatingArchitectApplications\My first Action library，选择 RuleSet_Start.dcp。

（3）在 Process to 字段中，名称和路径必须指定，选择 classify vegetation。

（4）单击 OK 按钮确认。动作 Classify Vegetation 就被添加到动作库中（图 8-33）。

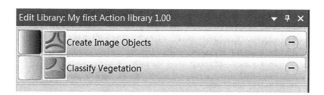

图 8-33　Analysis Builder 中的 Classify Vegetation 动作被添加

8.3.4　添加小控件组到动作定义中

添加一个小控件组 Classification。

（1）在 Analysis Builder 窗口的上部选择动作定义。

（2）在窗口底部的背景处右键选择 Add Group。

（3）输入名称 Classification，并单击 OK 按钮。

两个部件 Classification 和 Description 就已添加到动作中了（图 8-34）。

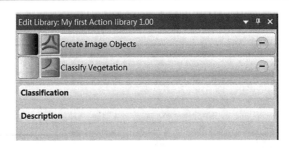

图 8-34　Analysis Builder 中包含动作 Classify Vegetation 和小控件组 Classification

8.3.5　向动作中添加控件滑块和按钮

添加两个小部件：一个滑块和一个按钮，用于设置植被分类使用的 NDVI 的阈值。

1. 添加滑块用于设置 NDVI 的阈值

（1）右键单击 Classification 组，在下拉菜单中选择 Add Slider，打开 Slider Widget Configuration 对话框。

（2）在 Text on the left 字段输入 Mean NDVI。

（3）在 Description 字段中输入 Define the NDVI value for Vegetation Classification。

（4）在 Variable 字段中选择 ndvi_threshold。

（5）在值的字段中使用最大值和最小值，可以定义滑块的范围，NDVI 的上限值是 1，在本案例中其下限值为–0.2。在 Maximum Value 字段输入滑块的最大值，这里输入 1；在 Minimum Value 字段输入最小值，这里输入–0.2。

（6）在字段 Tick Frequency 中输入 0.05。

（7）在字段 Jump Value 中输入 0.5。Jump Value 字段控制的是滑块移动的幅度。

（8）单击 OK 按钮添加滑块（图 8-35）。

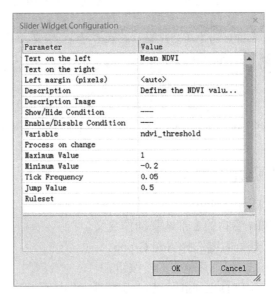

图 8-35　Mean NDVI 进程的小工具配置

2. 添加按钮以执行分类

（1）再次在 Classification 右键单击选择 Add Button，弹出 Slider Widget Configuration 对话框。

（2）删除 Text 字段和 Description 字段。

（3）在 Process on change 字段中输入 Classify Vegetation。

（4）在字段 Button text 中输入 Press to execute。

（5）单击 OK 按钮确认（图 8-36）。

8.3.6　更改和增加规则集

动作定义已经配置和添加到 Analysis Builder 中去了，规则集需要修改和增加才能与动作进行连通。因此需要：①固定的阈值需要替换为变量 ndvi_threshold。②添加一个进程用于删除最终区分的 Vegetation 对象。③添加两个进程，一个用于更新所有动作中的参数集，另一个用于将这些值应用到规则集中（图 8-37）。

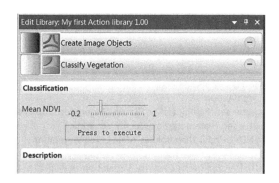

图 8-36　Analysis Builder 中包括动作 Classify Vegetation，
滑块用于控制 NDVI 和添加执行的按钮

图 8-37　Classify Vegetation 动作的进程

1. 用变量 ndvi_threshold 替换固定值

（1）在进程树中双击"unclassified with NDVI >ndvi_threshold at Main Level: Vegetation"进程，打开设置。

（2）在 Scale parameter 字段中选择下拉的 ndvi_threshold。

（3）单击 OK 按钮确认。

2. 添加进程将 Vegetation 对象指定为未分类

在进程树中添加一个进程使用 Assign Class 算法，在 Image Object Domain 中选择 Vegetation，设置 Active Class 为 unclassified（图 8-38）。

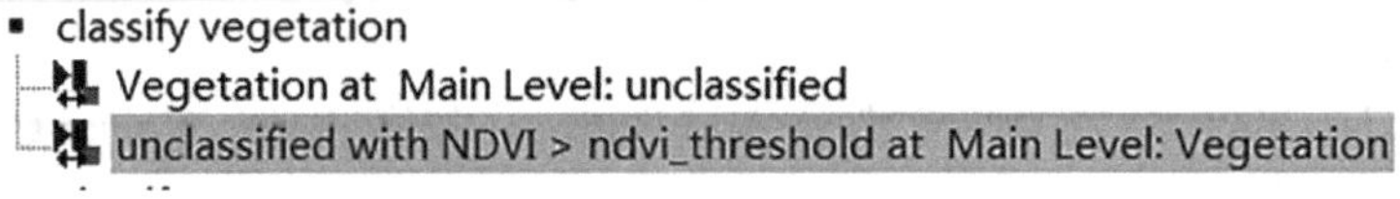

图 8-38　用于区分 Vegetation 的进程

3. 添加进程用于更新和应用动作的参数集

需要添加两个进程来设置与动作的连通。

（1）Update Parameter set from Action 更新参数集。

（2）Apply Parameter set 应用参数集。

（3）添加一个父进程在 at Main Level: delete 之下。

（4）输入名称 Communication with Action。

（5）插入一个子进程并选择算法 update parameter set from action。

（6）在字段 Action ID 的下拉列表中选择 Classify Vegetation。

（7）添加一个进程，选择算法 apply parameter set。

（8）在 Parameter set name 字段的下拉列表中选择 ParameterSet_Classify Vegetation（图 8-39）。

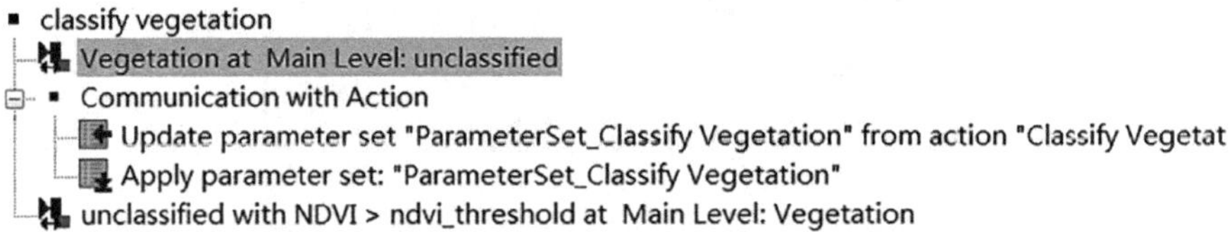

图 8-39　用于更新和应用 Classify Vegetation 进程参数集的进程树

4. 测试已创建的动作 Classify Vegetation

（1）保存规则集到 My first Action Library 文件夹中，不要重命名。

（2）将主菜单 Library 中的 Edit Action Library 取消选中。编辑模式关闭，该库被自动保存。

（3）在动作的滑块中设置一个值，单击 Press to execute 按钮执行。

8.4　水　体　分　类

与创建 Classify Vegetation 动作相似，现在需要定义动作 Classify Water，首先仍是创建参数集和变量。动作会添加到已有的动作组 Classification 中，然后会配置和添加 Classify Water 动作定义。在动作定义中将会定义要使用的规则集、创建好的参数集和变量。

动作定义配置好之后，添加控件组和两个小组件，和之前的 Classify Vegetation 动作一样，一个滑块用于设置水体分类的阈值，但是使用的是近红外波段的比值和按钮。

8.4.1　创建参数集和变量

1. 创建变量 rationir_threshold

针对本动作需要创建一个变量来替换规则集里面的固定值，在本操作中 assign class 进程的阈值条件将会使用该变量来控制。

（1）打开 Manage Variables 对话框。

（2）添加 scene variable 'rationir_threshold'，变量就准备好可以在动作和规则集中使用了。

2. 创建参数集

（1）打开 Manage Parameter Set 对话框。

（2）单击 Add...按钮，打开 Select Variable for Parameter Set 对话框。

（3）双击变量 rationir_threshold，将其移动到 selected 窗口并单击 OK 按钮确认。打开 Edit Parameter Set 对话框，变量就添加到参数集中了。

（4）在 Name 字段中输入 ParameterSet_Classify Water 并单击 OK 按钮确认。

8.4.2　创建动作定义

单独创建的动作组是无效的，需要将动作组添加到已有的动作组 Classification 中。该动作将会与已创建的参数集和变量连通。动作将指向到 Classify Water 父进程中，父进程中包含 Classification 进程（图 8-40）。

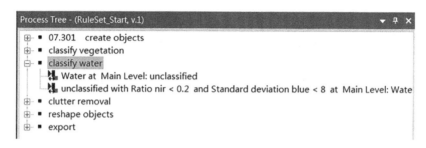

图 8-40　进程树中包括初始的 Classify Water 进程

确定动作库（Action Library）设置为编辑模式，如果没有的话，到主菜单的 Library 下面选择 Edit Action Library。

右键单击 Classify Water 选择 Add Action Definition。

1. 常规设置

（1）在新动作的名称处输入 Classify Water。

（2）在 Icon 的下拉列表中选择 ButtonClassification_n.jpg。

（3）将对话框底部的 Use action only once 勾选框勾选，该选项是为了避免动作再次被添加（图 8-41）。

2. 定义参数集、规则集和需要执行的进程

从下拉列表中选择参数集。

（1）在 Rule Set 组的 Parameter 下拉列表中选择 ParameterSet_Classify Water。

（2）在 Rule set 下拉框中选择 RuleSet_Start.dcp。

（3）在 Process to 框中输入 classify water。

（4）单击 OK 按钮确认。动作 Classify Water 就添加到动作库中了（图 8-42）。

图 8-41　用于 Classify Water 的动作定义

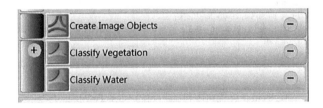

图 8-42　Classify Water 动作添加到 Analysis Builder 中

8.4.3　向动作定义添加控件组

与 Classify Vegetation 动作相似，需要继续添加 Classification 动作组。

（1）在 Analysis Builder 窗口上部选择动作定义（Action Definition）。

（2）在窗格底部的背景处右键选择 Add Group，打开 Group Properties 窗口。

（3）输入名称 Classification 并单击 OK 按钮。

8.4.4　向动作中添加控件滑块和按钮

需要添加两个控件，一个滑块用于设置水体分类的阈值（使用 Ratio nir 特征），一个控件是按钮。

1. 添加滑块用于控制 Rationir

（1）右键单击"Classification"组选择下拉菜单中的 Add Slider，打开 Slider Widget Configuration 对话框。

（2）在 Text on the left 字段中输入 Ratio nir。

（3）在 Description 字段中输入 Define the ratio nir value for Water classification。

（4）在 Variable 字段中选择 rationir_threshold，Ratio nir 阈值最大值为 1，最小值为 0。

（5）在 Maximum Value 字段中输入滑块的最大值 1。

（6）在 Minimum Value 字段中输入滑块最小值 0。

（7）Tick Frequency 字段定义的是滑块滑动的距离。这里设置为 0.05。

（8）Jump Value 字段控制的是移动滑块的值的幅度，这里设置为 0.05。

（9）单击 OK 按钮确认，滑块添加在 Analysis Builder 中（图 8-43）。

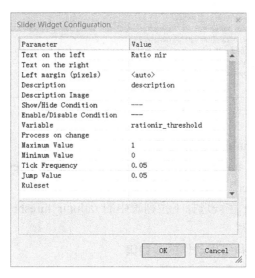

图 8-43　Ratio nir 滑块的控件配置

2. 添加按钮用于执行分类

（1）右键单击 Segmentation 组选择 Add Button，弹出 Slider Widget Configuration 对话框。

（2）删除 Text 字段和 Description 字段。

（3）在 Process on press 字段中输入 classify water。

（4）在字段 Button text 中输入 Press to execute。

（5）单击 OK 按钮确认（图 8-44）。

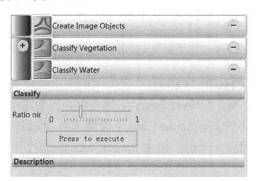

图 8-44　Analysis Builder 中包括动作 Classify Water，滑块控制 Ratio nir 和添加执行按钮

8.4.5　更改和增加进程的规则集

现在既然动作定义已经配置和添加到 Analysis Builder 中去了，规则集需要修改和增加才

能与动作进行连通。因此需要：①固定的阈值需要替换为变量 rationir_threshold。②添加两个进程，一个用于更新所有动作中的参数集，另一个用于将这些值应用到规则集中（图 8-45）。

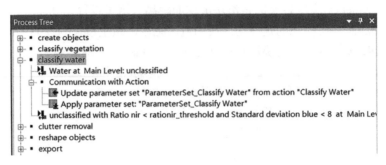

图 8-45　Classify Water 动作的进程

1. 用变量 ndvi_threshold 替换固定值

（1）在进程树中双击 "unclassified with Ratio nir < rationir_threshold and Standard deviation blue < 8 at Main Level: Water" 进程，打开设置。

（2）在 Scale parameter 字段选择下拉列表中的 rationir_threshold。

（3）单击 OK 按钮确认。

2. 添加进程用于更新和应用动作的参数集

需要添加两个进程来设置与动作的连通。

（1）在 at Main Level: delete 下面添加一个父进程。

（2）输入名称 Communication with Action。

（3）插入一个子进程，选择 Update parameter set from action 算法用于更新参数集。

（4）在 Action ID 字段下拉列表中选择 Classify Water。

（5）添加一个进程，选择算法 Apply parameter set。

（6）在 Parameter set name 字段下拉列表中选择 ParameterSet_Classify Water（图 8-46）。

图 8-46　用于更新和应用进程参数集的进程树

3. 测试已创建的动作 Classify Water

（1）保存规则集到 My first Action Library 文件夹中，不要重命名。

（2）将主菜单 Library 中的 Edit Action Library 取消选中，编辑模式关闭，该库被自动保存。

（3）在动作的滑块中设置一个值，单击 Press to execute 按钮执行。

8.5　手　动　分　类

在 Analysis Builder 中需要添加一个手动编辑的步骤，因此需要添加一个动作定义和一个控件 Manual Classification Buttons。

在规则集中指定一个算法用于激活手动分类模式，同时定义要区分的类别。

该动作定义需要一个进程，该进程用于手动分类。与其他已创建的进程不同，这个进程需要先创建好，然后再配置其动作定义。

这个动作的另一个特点就是并不需要参数集或者变量，但是整个动作定义需要一个参数集。因此需要创建一个假的参数集在该动作中。

8.5.1 创建 Manual Classification 的进程

规则集中需要创建一个父进程和两个子进程，子进程中将会使用 Manual Classification 算法，用于激活两个类别 Vegetation 和 Water 的手动修改。

（1）在 Classify Water 进程下创建一个新的进程命名为 Manual Classification。

（2）插入一个子进程并从算法列表中选择算法 Manual Classification。

（3）在参数部分设置 Class 字段为 Vegetation。

（4）单击 OK 按钮确认（图 8-47）。

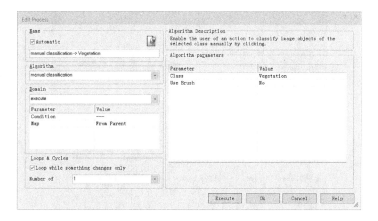

图 8-47　进程设置用于激活手动分类 Vegetation

添加到规则集的进程将会激活 Vegetation 的手动分类。

（1）添加 Water 进程。添加一个子进程，选择算法 manual classification。

（2）在参数选择部分 Class 字段选择 Water。

（3）单击 OK 按钮确认。进程添加到规则集中并激活了 Water 的手动分类模式（图 8-48）。

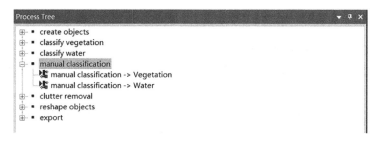

图 8-48　用于手动分类 Vegetation 和 Water 的进程

8.5.2　创建动作定义

单独创建的动作组是无效的，需要将动作组添加到已有的动作组 Classification 中。该动作将会与已创建的参数集和变量连通。动作将指向到 Manual Classification 父进程中。

确定动作库（Action Library）设置为编辑模式。如果没有的话，到主菜单的 Library 下面选择 Edit Action Library。

右键单击 ClassifyWater 选择 Add Action Definition。

1. 常规设置

（1）在新动作的名称处输入 Manual Classification。

（2）在 Icon 的下拉框中选择 ButtonSamples_n.jpg。

（3）将对话框底部的 Use action only once 勾选框勾选，该选项是为了避免动作再次被添加（图 8-49）。

图 8-49　Manual Classification 的动作定义

2. 定义参数集、规则集和需要执行的进程

由于没有已经创建好的参数集，现在需要直接在动作定义中创建出来，简单输入名称即可。

（1）在 Rule Set 组的 Parameter 下拉列表中选择 ParameterSet_manual Classification。

（2）在 Rule set 下拉框中选择 RuleSet_Start.dcp。

（3）在 Process to 框中部分输入 manual classification。

（4）单击 OK 按钮确认。动作 Manual Classification 就添加到动作库中了。

8.5.3　向动作定义中添加 Manual Classification 按钮

1. 添加控件组 Manual Classification

与 Classify Vegetation 动作相似，需要继续添加 Manual Classification 动作组。

（1）在 Analysis Builder 窗口上部选择动作定义（Action Definition）。

（2）在窗格底部的背景处右键单击选择 Add Group，打开 Group Properties 窗口。

（3）输入名称 Manual Classification 并单击"OK"按钮（图 8-50）。

2. 向动作中添加手动分类按钮

针对第一个按钮选择了一个类别，会自动添加第二个按钮。

1）定义按钮 1

（1）在 Classification 组上面右键单击选择菜单中的 Add Manual Classification Buttons。

（2）在 Class 字段选择 Vegetation。

（3）在 Tooltip 字段输入 Click to manually classify Vegetation。

（4）在 Process path 字段输入 manual classification/manual classification – >Vegetation（图 8-51）。

图 8-50　Manual Classification 动作的进程

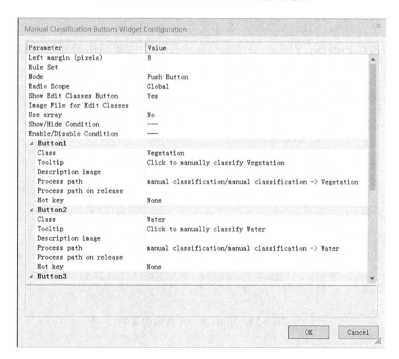

图 8-51　控件配置用于手动分类

2）定义按钮 2

（1）在 Class 字段选择 Water。

（2）在 Tooltip 字段输入 Click to manually classify Water。

（3）在 Process path 字段输入 manual classification/manual classification–>Water。

（4）单击 OK 按钮确认。

两个用于手动分类的按钮及 Edit Classes 按钮添加到动作库中（图 8-52）。

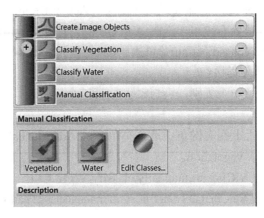

图 8-52　手动分类的按钮已经添加到 Analysis Builder 中

3. 测试已经创建的动作 Manual Classification

（1）保存规则集到 My first Action Library 文件夹中，不要重命名。

（2）将主菜单 Library 中的 Edit Action Library 取消选中，编辑模式关闭，该库被自动保存。

（3）可以修改按钮颜色，对应的分类颜色也会修改。这项操作可通过 Edit Classes 按钮来实现（图 8-53）。

图 8-53　Edit Classes 按钮的菜单

手动分类步骤如下。

（1）单击 Vegetation 按钮来区分 Vegetation 对象。

（2）单击 Water 按钮来区分 Water 对象。

8.6　Clutter Removal

该动作是为了合并过于细碎的类别对象。在初始的规则集中已经创建了两个进程，一个针对 Vegetation，另一个针对 Water（图 8-54）。

（a）初始的去除对象的进程

（b）使用类别变量 input_class 的进程

图 8-54　初始化及类别变量设置

要连通动作和规则集需要使用一个类别变量，该变量用于替换固定的类别名称。动作中使用的是哪个类别，规则集中就使用对应的那个类别。

需要添加两个控件，一个下拉列表用于选择类别，一个按钮用于执行。

8.6.1　创建参数集和类别变量

1. 创建类别变量

（1）打开 Manage Variables 对话框，标签切换到 Class。

（2）创建一个类别变量，名称为 input_class。

（3）关闭 Manage Variables 对话框。

变量创建后，可在动作和规则集中使用（图 8-55）。

图 8-55　Manage Variables 对话框

2. 创建参数集

（1）打开 Manage Parameter Set 对话框。

（2）单击 Add...按钮，弹出 Select variable for parameter set 按钮。

（3）双击类别变量 input_class，将其移动到 Selected 窗口并单击 OK 按钮确认。Edit Parameter Set 对话框随即打开，变量已经添加到参数集中。

（4）在字段 Name 中输入 ParameterSet_Clutter Removal 并单击 OK 按钮确认。

8.6.2　创建动作定义

单独创建的动作组是无效的，需要将动作组添加到已有的动作组 Classification 中。该动作将会与已创建的参数集和类别变量连通。动作将指向到 Clutter Removal 父进程中，父进程中同样也包括类别合并和类别删除操作。

确定动作库（Action Library）设置为编辑模式。如果没有，在主菜单的"Library"选项下选择"Edit Action Library"。

在 Manual Classification 上右键选择 Add Action Definition。

1. 常规设置

（1）在新动作的名称处输入 Clutter Removal。

（2）在 Icon 的下拉框中选择 ButtonSamples_n.jpg。

（3）将对话框底部的 Use action only once 勾选框勾选，该选项是为了避免动作再次被添加（图 8-56）。

图 8-56　Clutter Removal 的动作定义

2. 定义参数集、规则集和需要执行的进程

（1）在 Rule Set 组的 Parameter 下拉列表中选择 ParameterSet_Clutter Removal。

（2）在 Rule set 下拉框中选择 RuleSet_Start.dcp。

（3）在 Process to 框中输入 clutter removal。

（4）单击 OK 按钮确认，动作 Clutter Removal 就添加到动作库中了（图 8-57）。

图 8-57　Clutter Removal 动作添加到 Analysis Builder 中

8.6.3　向动作定义添加控件组

按以下步骤添加控件组。

（1）在 Analysis Builder 窗口上部选择动作定义（Action Definition）。

（2）在窗口底部的背景处右键选择 Add Group，打开 Group Properties 窗口。

（3）输入名称 Settings 并单击 OK 按钮。

8.6.4　向动作中添加控件

需要添加两个控件，一个下拉列表用于选择类别，一个按钮用于执行。

1. 添加下拉列表 Select Class

（1）右键单击 Settings 组选择 Add Select Class，弹出 Select Class Widget Configuration 对话框。

（2）在 Text 字段中输入 Select Class。

（3）在 Variable 字段下拉列表中选择 input_class。

（4）在 Available classes 字段中选择 Vegetation 和 Water。

（5）在 Description 字段中输入 Select a class to be generalized。

（6）单击 OK 按钮确认（图 8-58）。下拉列表就添加到 Analysis Builder 中了。

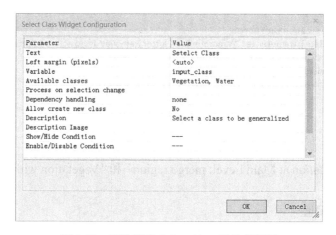

图 8-58　下拉列表 Select Class 的控件配置

2. 添加按钮 Press to execute

（1）右键单击 Settings 组选择 Add Button，弹出 Widget Configuration 对话框。

（2）删除字段的内容 Text 和字段的内容 Description。

（3）在 Process on press 字段中输入 clutter removal。

（4）在 Button text 字段中输入 Press to execute。

（5）单击 OK 按钮确认（图 8-59）。

图 8-59　下拉列表 Select Class 和按钮 Press to execute 添加到 Analysis Builder 中

8.6.5　修改和增加的规则集

规则集必须要进行修改和增加，才能与动作连通。

（1）merge region 进程和分类进程可以删除。

（2）固定的类别需要替换为类别变量 input_class。

（3）添加一个进程用于删除最终的类别。

（4）添加两个进程，一个用于更新所有动作中的参数集，另一个用于将这些值应用到规则集中（图 8-60）。

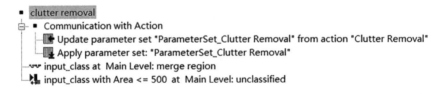

图 8-60　Clutter Removal 动作的进程

1. 删除进程

删除进程"Vegetation at Main Level: merge region"和"Vegetation with Area <= 500 at Main Level: unclassified"。

2. 用变量替换阈值

（1）双击父进程"Water at Main Level: merge region"打开设置。

（2）在 Image Object Domain 设置类别过滤器 Class Filter 为 input_class。

（3）单击 OK 按钮确认。

（4）双击进程"Water with Area <= 500 at Main Level:unclassified"打开设置。

（5）在 Image Object Domain 设置类别过滤器 Class Filter 为 input_class。

（6）单击 OK 按钮确认。

3. 添加进程用于更新和应用动作的参数集

（1）在 at Main Level: delete 上添加一个父进程。

（2）在弹出的对话框中输入名称 Communication with Action。

（3）插入一个子进程并选择算法 update parameter set from action。

（4）在 Action ID 字段的下拉列表中选择 Clutter Removal。

（5）在 Parameter set name 字段中选择 ParameterSet_Clutter Removal。

（6）添加一个进程，选择算法 apply parameter set。

（7）在 Parameter set name 字段的下拉列表中选择 ParameterSet_Clutter Removal。

4. 测试已创建的 Creat Image Objects 动作

（1）保存规则集到 My first Action Library 文件夹中，不要重命名。

（2）将主菜单 Library 中的 Edit Action Library 取消选中，编辑模式关闭，该库被自动保存。

（3）在下拉列表中选择一个类别，单击 Press to execute 按钮执行该进程。

8.7 合 并 对 象

该动作是为了合并和重塑某个类别的对象。在初始的规则集中已经创建了两个进程，一个针对 Vegetation，另一个针对 Water（图 8-61）。

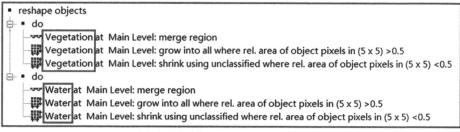

（a）初始的重塑Vegetation和Water对象的进程

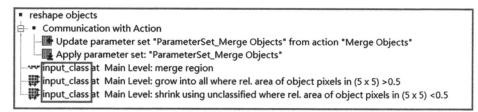

（b）使用类别变量input_class的进程

图 8-61　重塑和类别变量设置

同样本次要连通动作和规则集需要使用一个类别变量，该变量是用于替换固定的类别名称。动作中使用的是哪个类别，规则集中就使用对应的那个类别。

需要添加两个控件，一个下拉列表用于选择类别，一个按钮用于执行。

8.7.1　创建参数集

针对该动作需要创建一个类别变量，替换已有的规则集中的固定类别。类别变量已经有了，之前是用于 Clutter Removal 动作，现在也可以在本动作中再次使用。

（1）打开 Manage Parameter Set 对话框。

（2）单击 Add...按钮，弹出 Select variable for parameter set 按钮。

（3）双击类别变量 input_class，将其移动到 Selected 窗口并单击 OK 按钮确认。打开 Edit Parameter Set 对话框，变量已经添加到参数集中。

（4）在字段 Name 中输入 ParameterSet_Merge Objects 并单击 OK 按钮确认。

8.7.2　创建动作组 Merge and Export

该动作是新的动作库 Merge and Export 的一部分。

（1）在 Analysis Builder 上部的任意部分右键单击，选择 Add Group。

（2）在 Name 中输入 Merge and Export。

（3）ID 保持 C。

（4）选择一个用于组的颜色。

（5）单击 OK 按钮确认。

该组被添加到 Analysis Builder 中，其链接 Add Merge and Export 会自动输入。该链接会触动 Add Actions 对话框（图 8-62）。

图 8-62　Analysis Builder 中添加了动作库 Merge and Export

8.7.3　创建动作定义 Merge Objects

该动作将会与已创建的参数集和类别变量连通。动作将指向到 reshape objects 父进程中。父进程中同样也包括类别合并和类别删除操作。

确定动作库（Action Library）设置为编辑模式。如果没有的话，到主菜单的 Library 下面选择 Edit Action Library。

右键单击 Merge and Export 选择 Add Action Definition。

1. 常规设置

（1）在新动作的名称处输入 Merge Objects。

（2）在 Icon 的下拉列表选择 ButtonMerge.jpg。

（3）将对话框底部的 Use action only once 勾选框勾选，该选项是为了避免动作再次被添加（图 8-63）。

图 8-63　Merge Objects 的动作定义

2. 定义参数集、规则集和需要执行的进程

（1）在 Rule Set 组的 Parameter 下拉列表中选择 ParameterSet_Merge Objects。

（2）在 Rule set 下拉框中选择 RuleSet_Start.dcp。

（3）在 Process to 框中输入 reshape objects。

（4）单击 OK 按钮确认。动作 Merge Objects 添加到动作库中（图 8-64）。

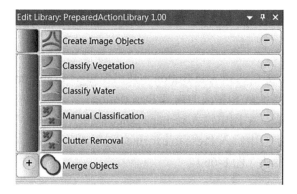

图 8-64　Merge Objects 动作添加到 Analysis Builder 中

8.7.4 向动作定义添加控件组、下拉列表和按钮

1. 添加控件组 Settings

（1）在 Analysis Builder 窗口上部选择动作定义（Action Definition）。

（2）在窗格底部的背景处右键选择 Add Group，打开 Group Properties 窗口。

（3）输入名称 Settings 并单击 OK 按钮。

需要添加两个控件，一个下拉列表用于选择类别，一个按钮用于执行。

2. 添加下拉列表

（1）右键单击 Settings 组选择 Add Select Class，打开 Select Class Widget Configuration 对话框。

（2）在 Text 字段中输入 Select Class。

（3）在 Variable 字段下拉列表中选择 input_class。

（4）单击 Available classes，旁边的字段选择 Vegetation，Water 和 unclassified。这些类别将会成为动作的下拉列表中可用的内容。

（5）在 Description 字段中输入 Select the class to be merged。

（6）单击 OK 按钮确认（图 8-65）。下拉列表添加到 Analysis Builder 中。

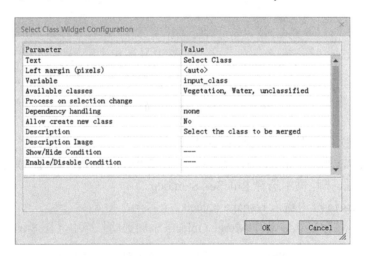

图 8-65　下拉列表 Select Class 的控件配置

3. 添加按钮

（1）右键单击 Settings 组选择 Add Button，弹出 Widget Configuration 对话框。

（2）删除字段的内容 Text 和字段的内容 Description。

（3）在 Process on press 字段中输入 reshape objects。

（4）在 Button text 字段中输入 Press to execute。

（5）单击 OK 按钮确认（图 8-66）。

图 8-66　Analysis Builder 中的 Create Image Objects 动作、下拉列表用于选择类别和要执行的按钮

8.7.5　修改和增加 Reshape Objects 的规则集

规则集必须要进行修改和增加，才能与动作进行连通，同时避免误处理。因此需要：

（1）删除 Reshape Objects 进程和分类进程。

（2）固定的类别需要替换为类别变量 input_class。

（3）添加两个进程，一个用于更新所有动作中的参数集，另一个用于将这些值应用到规则集中（图 8-67）。

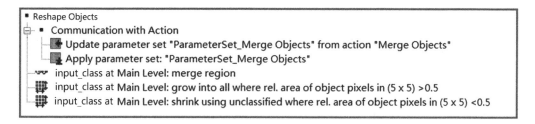

图 8-67　Reshape Objects 动作的进程

1. 删除无用的进程

（1）删除第一个进程序列 do。

（2）确定所有的进程指向子进程 Reshape Objects。

2. 用变量 input_class 替换阈值

（1）双击父进程"Vegetation at Main Level: merge region"打开设置。

（2）在 Image Object Domain 设置类别过滤器 Class Filter 为 input_class。

（3）单击 OK 按钮确认。

（4）对另外两个进程执行相同的操作。

3. 添加进程用于更新和应用动作的参数集

（1）添加一个父进程在"input_class at Main Level: merge region"之上。

（2）在弹出的对话框中输入名称 Communication with Action。

（3）插入一个子进程并选择算法 update parameter set from action。

（4）在 Action ID 字段下拉列表中选择 Merge Objects。

（5）添加一个进程，选择算法 apply parameter set。

（6）在 Parameter set name 字段下拉列表中选择 ParameterSet_Merge Objects。

4. 测试已创建的 Merge Objects 动作

（1）将主菜单 Library 中的 Edit Action Library 取消选中，编辑模式关闭，该库被自动保存。

（2）在下拉列表中选择一个类别，单击 Press to execute 执行该进程。

8.8　导出矢量文件

该动作 Export Vector Layer 包含导出平滑或者不平滑矢量的选项，是通过一个勾选框进行选择或者不选择的。根据规则集需要创建两个规则集：一个用于执行勾选框勾选时；另一个用于勾选框不勾选时。至于使用哪个进程是由变量 smoothing 控制的，其添加到导出进程的父进程阈值条件中（图 8-68）。

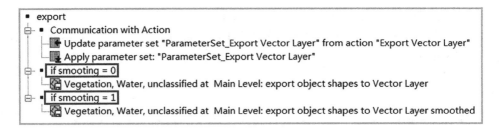

图 8-68　用于动作导出矢量、使用变量 smoothing 的进程

8.8.1　创建参数集和变量 smoothing

1. 创建变量 smoothing

（1）打开 Manage Variables 对话框。

（2）添加全局变量 smoothing。

（3）关闭 Manage Variables 对话框。

2. 创建参数集

（1）打开 Manage Parameter Set 对话框。

（2）单击 Add...按钮，弹出 Select variable for parameter set 按钮。

（3）双击类别变量 smoothing，将其移动到 Selected 窗口并单击 OK 按钮确认。打开 Edit Parameter Set 对话框，变量添加到参数集中。

（4）在字段 Name 中输入 ParameterSet_Export Vector Layer 并单击 OK 按钮确认。

8.8.2　创建动作组 Export Vector Layer

单独创建的动作组是无效的，需要将动作组添加到已有的动作组 Merge and Export 中。该动作会与已创建的参数集和类别变量连通。动作将指向到已创建的参数集和变量中。该动作将会指向 Export 父进程中。

确定动作库（Action Library）设置为编辑模式，如果没有的话，到主菜单的 Library 下面选择 Edit Action Library。

右键单击 Merge Objects 选择 Add Action Definition。

1. 常规设置

（1）在新动作的名称处输入 Export Vector Layer。

（2）在 Icon 的下拉列表中选择 ButtonZoomToFit_n.jpg。

（3）将对话框底部的 Use action only once 勾选框勾选，该选项是为了避免动作再次被添加（图 8-69）。

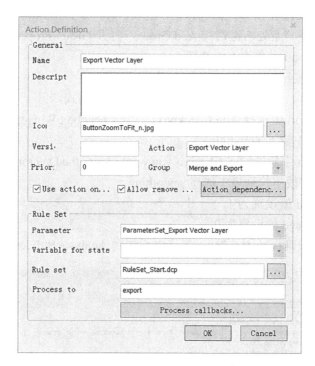

图 8-69　Export Vector Layer 的动作定义

2. 定义参数集、规则集和需要执行的进程

（1）在 Rule Set 组的 Parameter 下拉列表中选择 ParameterSet_ Export Vector Layer。

（2）在 Rule set 的下拉列表中选择 RuleSet_Start.dcp。

（3）在 Process to 框中输入 export。

（4）单击 OK 按钮确认。动作 Export Vector Layer 添加到动作库中（图 8-70）。

图 8-70　Export Vector Layer 动作添加到 Analysis Builder 中

8.8.3　向动作定义添加控件组、下拉列表和勾选框

1. 添加控件组 Export

（1）在 Analysis Builder 窗口上部选择动作定义（Action Definition）。

（2）在窗格底部的背景处右键选择 Add Group，打开 Group Properties 窗口。

（3）输入名称 Export 并单击 OK 按钮。

2. 添加勾选框和按钮

需要添加两个控件，一个勾选框用于开启和关闭平滑模式，另一个按钮用于执行。

（1）右键单击 Export 组选择 Add Checkbox，打开 Checkbox Widget Configuration 对话框。

（2）在 Text 字段中输入 Smoothing。

（3）在 Description 字段处输入 Check if you want a smoothed vector export。

（4）在 Variable 字段下拉列表中选择 smoothing。

（5）Value Checked 值设置为 1。

（6）Value Unchecked 值设置为 0。

（7）单击 OK 按钮确认（图 8-71）。勾选框添加到 Analysis Builder 中。

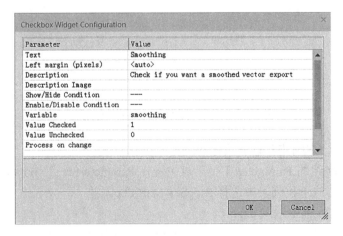

图 8-71　勾选框 Smoothing 的控件配置

3. 添加按钮用于执行导出

（1）右键单击 Export 组选择 Add Button，弹出 Widget Configuration 对话框。

（2）删除字段的内容 Text 和 Description。

（3）在 Process on press 字段中输入 Export。

（4）在 Button text 字段中输入 Press to execute。

（5）单击 OK 按钮确认（图 8-72）。

图 8-72　Analysis Builder 中的 Export Vector Layer 动作

8.8.4　修改和增加 Export 的规则集

根据规则集需要创建两个进程：一个用于执行勾选框勾选时；另一个用于勾选框不勾选时。

至于使用哪个进程是由变量 smoothing 控制的，其添加到导出进程的父进程阈值条件中（图 8-73）。

图 8-73　Export Vector Layer 动作的进程

1. 平滑关闭的进程

（1）在 export 进程中插入一个子进程。

（2）在 Image Object Domain 中设置阈值条件（Threshold condition）为 Scene Variable "smoothing" =0。

（3）确定进程"Vegetation, Water, unclassified at Main Level: export object shapes to Vector Layer smoothed"是上一个条件的子进程。

2. 平滑开启的进程

（1）在进程 if smoothing = 0 上创建一个平行的进程。

（2）在 Image Object Domain 设置阈值条件（Threshold condition）为 Scene Variable "smoothing"=1。

（3）复制并粘贴进程"Vegetation, Water, unclassified at Main Level: export object shapes to Vector Layer"到 smoothing=1 子进程中。

（4）打开进程"Vegetation, Water, unclassified at Main Level: export object shapes to Vector Layer smoothed"，将字段 Export Type 设置为 Smoothed。

（5）将 Export item name 更改为 Vector Layer smoothed。

3. 添加进程用于更新和应用动作的参数集

（1）添加一个父进程在 if smoothing = 0 之上。

（2）在弹出的文本框中输入名称 Communication with Action。

（3）插入一个子进程并选择算法 update parameter set from action。

（4）在 Action ID 字段下拉列表中选择 Export Vector Layer。

（5）添加一个进程，选择算法 apply parameter set。

（6）在字段 Parameter set name 下拉列表中选择 ParameterSet_ Export Vector Layer。

4. 测试已创建的 Export Vector Layer 动作

（1）保存规则集到 My first Action Library 文件夹中，不要重命名。

（2）将主菜单 Library 中的 Edit Action Library 取消选中，编辑模式关闭，该库被自动保存。

（3）在下拉列表中选择一个类别，单击 Press to execute 按钮执行该进程。

（4）一次导出的是平滑的矢量，一次导出的是未平滑的矢量。

第9章 建筑物规范化质检

在本章中将学习如何使用 Building Generalization 应用，其包含质检分类结果的新功能。在本章的后半部分可以学习到如何创建质检控件。

在本应用中将会加载以下四个动作：发现建筑；建筑物规范化；质检；导出（图 9-1）。

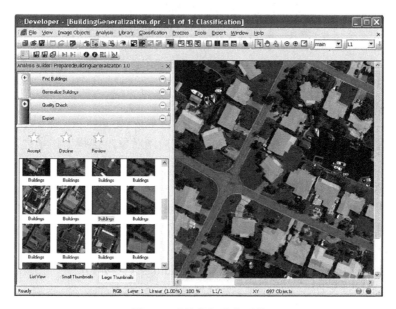

图 9-1 建筑物规范化质检

本章包括两部分内容：①搜寻已有的应用；②创建质检和导出。

9.1 搜寻已有的应用

9.1.1 加载工程和动作库

（1）打开 eCognition Developer 并转到 Configure Analysis 视图。

（2）在主菜单 FILE 中选择 Open Project…或直接单击菜单栏中的 Open Project 按钮。

（3）打开数据文件夹…\WhatsNew_eCog8\Projects\Architect\Buildings_Tampa Bay 下的工程 BuildingGeneralization.dpr。工程加载完成后，Analysis Builder 中的动作是空的，会弹出一个消息 No Library Loaded。

（4）转到主菜单 LIBRARY 并选择 Open Action Library…。

（5）转到存储数据的文件夹…\08 BuildingGeneralization。

（6）选择文件夹 PreparedBuildingGeneralization 并单击 OK 按钮确认，打开动作库（图 9-2）。

Find Buildings
Generalize Buildin...
Quality Check
Export
Export
Description
main

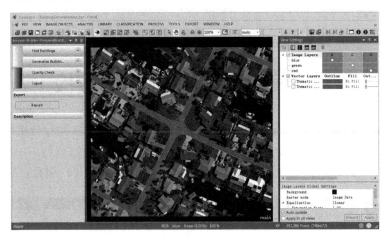

图 9-2　加载工程及动作库

9.1.2　查找建筑动作

通过简单的评估矢量图层，在动作中确定建筑检测对象，这些工作是之后规范化操作的基础。

1. 搜索相关的规则集部分

实际上建筑的分类在进程中使用“with Num. of overlap:Thematic Layer 1 > 0 at L1: Buildings”进行定义。

（1）打开进程树窗口。

（2）展开 do 下面的 Find Buildings 和 Find Buildings（图 9-3）。

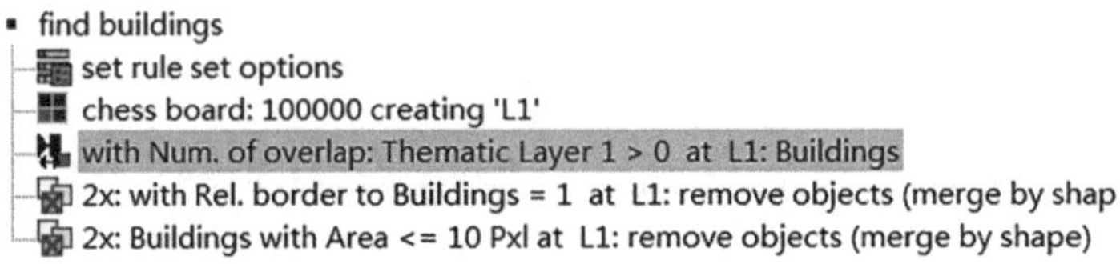

find buildings
set rule set options
chess board: 100000 creating 'L1'
with Num. of overlap: Thematic Layer 1 > 0 at L1: Buildings
2x: with Rel. border to Buildings = 1 at L1: remove objects (merge by shap
2x: Buildings with Area <= 10 Pxl at L1: remove objects (merge by shape)

图 9-3　根据矢量文件寻找建筑的进程

2. 执行该动作

（1）在 Analysis Builder 中选择动作 Find Buildings。

（2）单击 Run 按钮。建筑根据矢量被区分为 A 类（图 9-4）。

9.1.3　建筑物规范化动作

该动作基于一个自定义算法 Buildings Generalization Example，该算法可以在社区下载下来。

1. 搜索相关规则集

自定义算法可以通过在任意规则集上面右键单击选择 Create Customized Algorithm 进行创建，然后添加到算法列表中，和其他算法一样可以进行使用。

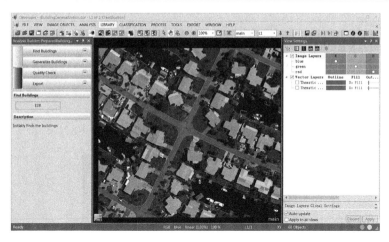

图 9-4 最初区分 Building 的分类视图

（1）在进程树中展开 do 的子序列 Generalize Buildings 和 Find Buildings。该进程中最后的序列就是自定义算法 Building Generalization（图 9-5）。

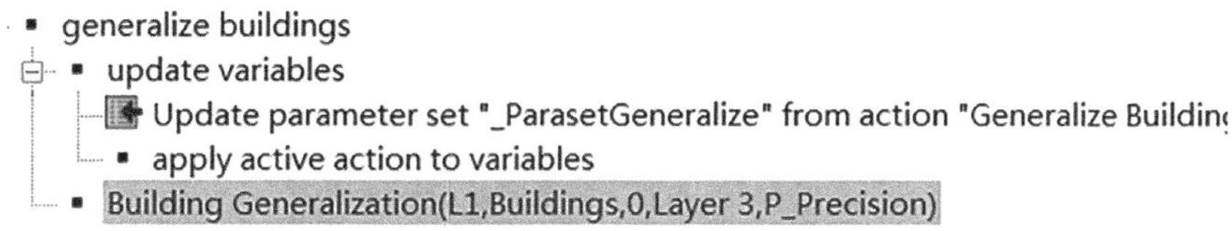

- generalize buildings
  - update variables
    - Update parameter set "_ParasetGeneralize" from action "Generalize Building
    - apply active action to variables
  - Building Generalization(L1,Buildings,0,Layer 3,P_Precision)

图 9-5 规整化 Buildings 的进程

（2）双击进程"Building Generalization（L1,Buildings,0,Layer3,P_Precision）"。

（3）使用这个自定义算法，可以设置输入的层和类别，在 Orientation mode 字段可以定义建筑的朝向是根据对象的形状还是光谱计算。

（4）Precision 字段非常重要，可以设置建筑是进行强烈的规整化还是保持原有的细节（图 9-6）。

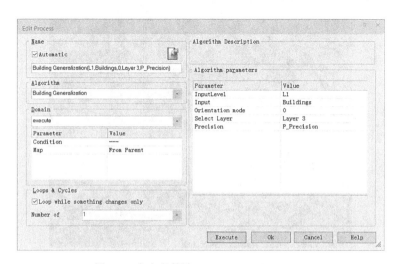

图 9-6 自定义算法 Building Generalization

2. 执行该动作

（1）在 Analysis Builder 中选择动作 Generalize Buildings。

（2）输入一个准确的值，较高的值意味着建筑将会保持细节，较低值意味着建筑将会进行较强程度的规整化。

（3）单击 Run 按钮执行整个规整化过程。

（4）单击 Reset 按钮重新创建建筑的影像对象（图 9-7 和图 9-8）。

图 9-7　规整化建筑的动作

图 9-8　建筑规整化的结果

9.1.4 质检动作

在本动作中可以使用窗格上部的按钮，手动接受或取消对象或将它们指定到查看效果下（见图中❶部分）。所有的对象将会存储在一个列表中，可以显示成缩略视图，如果选中一个缩略图❷，视图将自动缩放到所选对象，如果对象被指定为 Accept（接受）、Decline（拒绝）或者 Review（回顾），控件会自动跳转到下一个（图 9-9）。

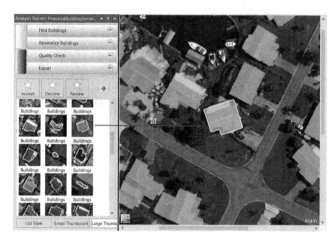

图 9-9　质检动作

1. 搜索相关的规则集

每次动作中的按钮执行了，将会执行一个进程用于指定选中的对象到某类中，Assign Class 算法，以及影像对象作用域 Image Object List 是用于限制进程中使用当前选中的对象作为作用域（图 9-10）。

- decline
    - UI Selection: Building declined
- accept
    - UI Selection: Building checked
- <0.001s　review
    - <0.001s　UI Selection: Building review

图 9-10　使用动作 Quality Check 的进程

2. 执行该动作

（1）选择动作 Quality Check。

（2）单击右下角的按钮选择 Large Thumbnails（大的缩略图）视图。

（3）缩放到视图中，进而显示建筑物的细节。

（4）单击 Accept 或 Decline 或 Review 按钮，将所有的建筑物都指定到类别中，或者可以使用数字面板的数字进行控制：1=accept，2=decline，3= review（图 9-11）。

9.1.5 导出动作

该动作不能设置参数，导出的矢量属性包括名称和对象大小。

（1）选择 Export 动作。

（2）单击 Export 按钮，带有属性的矢量文件导出。

图 9-11　经过质检的建筑

9.2　创建质检和导出

9.2.1　准备

（1）打开一个新的 eCognition Developer 并转到 Configure Analysis 视图。

（2）在主菜单 FILE 中选择 Open Project…或者点击工具栏中的 Open Project。

（3）打开数据文件夹中…\08 BuildingGeneralization 下的工程 TampaBay.dpr，工程就加载进来了。Analysis Builder 中的动作是空的，会弹出一个消息 No Library Loaded。

（4）转到主菜单 LIBRARY 并选择 Open Action Library…。

（5）转到存储数据的文件夹…\08 BuildingGeneralization。

（6）选择文件夹 BuildingGeneralization 并单击 OK 按钮确认。动作库打开，包含两个动作，Find Buildings 和 Generalize Buildings，另外一个组 Quality Check and Export 也加载进来了。

（7）执行动作 Find Buildings。

（8）执行动作 Generalize Buildings（图 9-12）。

9.2.2　创建动作的进程

规则集中必须包含指向手动分类工具中对象列表的进程。这可以通过设置影像对象作用域 image object list 实现。

（1）插入一个父进程将其命名为 accept。

（2）插入一个子进程选择 assign class 算法。

（3）从 Domain 的下拉列表中选择 image object list。

（4）在字段 Image Object List 中选择 UI Selection。

（5）在字段 Use class 中输入 Building checked 用来创建一个新类别（图 9-13 和图 9-14）。

（6）重复相同的步骤创建 declined 和 review，可以复制、粘贴或者修改进程（图 9-15）。

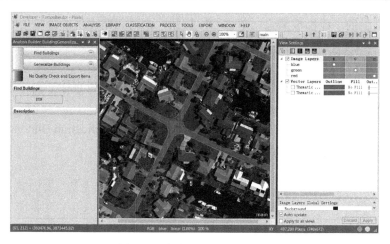

图 9-12 加载工程中的动作库

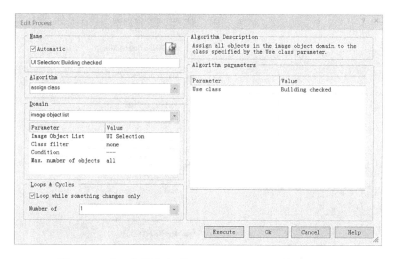

图 9-13 手动分类指定到 Building_accepted 的进程设置

图 9-14 后一个按钮 Accept 的进程树　　图 9-15 三个按钮 Accept、Decline 和 Review 的全部进程

9.2.3 添加质检

（1）确保菜单中的库的 Edit Action Library 是打开的。

（2）右键单击组件组 Quality Check 并且导出和选择 Add Action。

（3）打开 Action Definition 对话框。

（4）输入名称 Quality Check。

（5）定义规则集 buildinggeneralization_qualitycheck.dcp 文件。

（6）确保其他的字段都被清除，单击 OK 按钮，同时忽略出现的警告信息。

9.2.4　插入和配置控件

与其他控件相反，手动分类工具不需要创建控件组，它可以直接插入（图9-16）。

1. 插入控件

右键单击 Analysis Builder 的底部并选择 Add Manual Classification Buttons（图9-17），打开 Manual Classification Tool Widget Configuration 对话框。

图9-16　Quality Check 的动作定义　　图9-17　选择要添加的 Manual Classification Tool（手动分类工具）

2. 配置常规设置

（1）在 Rule Set 字段选择 buildinggeneralization_qualitycheck.dcp。

（2）保持它们在缩略图的设置。

（3）在 Class filter 字段中选择类别 Buildings。

（4）这个操作产生的结果就是对象列表会被更新，同时已经查看过的对象将会从列表中消失。

（5）在 Feature1 字段中定义 Area，该特征帮助之后的对象根据大小排序（图9-18）。

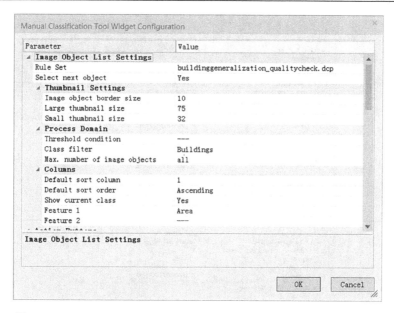

图 9-18　Manual Classification Tool Widget Configuration 常规设置的配置

3. 配置按钮

1）按钮 1 "Accept"

（1）在字段 Text 中插入 Accept。

（2）定义进程路径 do/accept。

（3）在字段 Update after action 的下拉列表中选择 Update all objects。

（4）单击 Hot key 字段旁边的...，单击数字面板中的 1。热键自动输入，这里是 1（ZEHNERTASTATUR）。

（5）在字段 Image file 中可以选择一个按钮的图片，可以选择 accept.tif。

2）按钮 2 "Decline"

（1）在字段 Text 中输入 Decline。

（2）设置进程路径为 do/decline。

（3）在 Update after action 字段的下拉列表中选择 Update all objects。

（4）单击 Hot key 字段旁边的...，点击数字面板中的 2。热键自动输入，这里是 2（ZEHNERTASTATUR）。

（5）在字段 Image file 中可以选择一个按钮的图片，可以选择 decline.tif。

3）按钮 3 "Review"

（1）在字段 Text 中输入 Review。

（2）设置进程路径为 do/ review。

（3）在字段 Update after action 的下拉列表中选择 Update all objects。

（4）单击 Hot key 字段旁边的...，单击数字面板中的 3。热键自动输入，这里是 3（ZEHNERTASTATUR）。

（5）在字段 Image file 中可以选择一个按钮的图片，可以选择 review.tif（图 9-19）。

图 9-19　手动分类工具按钮的配置

（6）单击 OK 按钮确认设置。

（7）关闭 Action Library 的编辑模式，手动编辑工具添加到动作库中。

（8）根据 Area 字段的降序进行排序，并切换到大的缩略图 Large Thumbnail 模式。

（9）多选，选中对象列表中的小对象，然后单击 Decline 按钮。

9.2.5　Export 动作

1. 添加 "Export" 进程

（1）在 do 下面添加一个新的进程将其命名为 export。

（2）选择 export vector layers 算法。

（3）在字段 Export item name 中插入 Buildings。

（4）字段 Attributes 中选择 Area_Pxl 和 Class_name。

（5）Shape Type 字段选择 Polygons（图 9-20 和图 9-21）。

2. 添加 Export 动作

1）添加动作定义

（1）激活动作库的编辑模式。

（2）添加一个新的动作定义。

（3）将其命名为 Export。

（4）指定规则集文件 buildinggeneralization_qualitycheck.dcp。

（5）定义进程路径 do/export（图 9-22）。

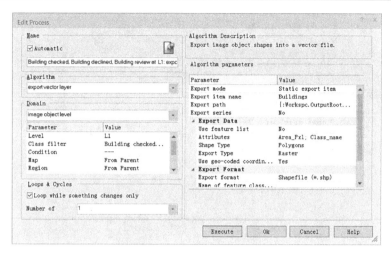

图 9-20　导出矢量的进程

- export
  - Building checked, Building declined, Building review at L1: ex

图 9-21　导出动作的进程结构

图 9-22　Export 动作的动作定义

2）添加控件组和定义按钮

（1）添加一个控件组，将其命名为 Export。

（2）添加一个按钮定义进程路径为 do/export，按钮内容 Export。

（3）单击 OK 按钮确认设置，按钮添加到动作库中（图 9-23 和图 9-24）。

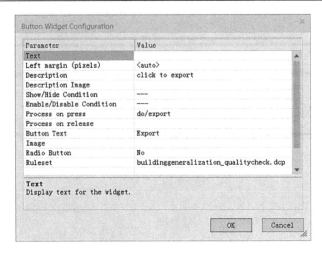

图 9-23　Export 按钮的配置

图 9-24　Export 动作及按钮添加到动作库中

主要参考文献

柏延臣, 王劲峰. 2003. 遥感信息的不确定性研究: 分类与和尺度效应模型[M]. 北京: 地质出版社.

陈佳. 2017. 面向地理国情监测的水系提取研究与分析[D]. 西安: 西安科技大学硕士学位论文.

杜凤兰. 2005. 北京大兴区高分辨率遥感土地利用分类及不确定性研究[D]. 南京: 南京大学硕士学位论文.

杜凤兰, 田庆久, 夏学齐, 等. 2004. 面向对象的地物分类法分析与评价[J]. 遥感技术与应用, 19(1): 20-23.

冯启翔. 2018. 基于 GF-2 卫星数据的国情普查地表覆盖解译研究[J]. 地理空间信息, 4: 24-27.

关元秀, 程晓阳. 2008. 高分辨率卫星影像处理指南[M]. 北京: 科学出版社.

关元秀, 王学恭, 郭涛, 等. 2019. eCognition 基于对象影像分析教程[M]. 北京: 科学出版社.

郝容, 屈鸿钧, 文学虎. 2014. eCognition(易康)软件在地理国情普查地表覆盖解译中的应用[J]. 测绘通报, (4): 134-135.

胡湛晗, 任旭红, 杨秀峰, 等. 2017. 基于面向对象的高分遥感影像的冬小麦提取[J]. 北华航天工业学院学报, 27(1)12-15.

黎树禧, 宋杨, 李长辉. 2012. 利用 DSM 以及彩色遥感航空影像快速提取建筑物目标信息[J]. 测绘通报, (1): 33-35.

李德仁, 王树良, 李德毅. 2013. 空间数据挖掘理论与应用(第二版)[M]. 北京: 科学出版社.

李德仁, 张良培, 夏桂松. 2014. 遥感大数据自动分析与数据挖掘[J]. 测绘学报, 43(12): 1211- 1216.

李进, 屈鸿钧, 郭朝辉. 2013. eCognition 在环境减灾卫星林火信息快速提取中的应用[J]. 河北遥感, (1): 18-21.

林栋, 秦志远, 童晓冲, 等. 2018. 融合光谱及形态学信息的对象级空间特征提取方法[J]. 武汉大学学报(信息科学版), 43(5): 704-710.

刘家福, 刘吉平, 姜海玲. 2017. eCognition 数字图像处理方法[M]. 北京: 科学出版社.

卢鹏, 周菁, 王洪波. 2018. 基于高分辨率遥感影像的林地变化图斑检测方法研究[J]. 林业调查规划, (1): 16-21.

马浩然. 2014. 基于多层次分割的遥感影像面向对象森林分类[D]. 北京: 北京林业大学硕士学位论文.

彭检贵. 2012. 融合点云与高分辨率影像的城区道路提取与表面重建研究[D]. 武汉: 武汉大学博士学位论文.

申广荣, 钱振华, 徐敬, 等. 2009. 基于 eCognition 的城镇绿地信息动态监测研究[J]. 上海交通大学学报(农业科学版), (1): 1-6.

孙晓霞, 张继贤, 刘正军. 2006. 利用面向对象的分类方法从 IKONOS 全色影像中提取河流和道路[J]. 测绘科学, 31(1): 62-63.

王浩宇. 2015. 面向对象高分辨率遥感影像城区道路及车辆信息提取研究[D]. 北京: 北京交通大学硕士学位论文.

文斯. 2011. 遥感影像数据的面向对象分类与模糊逻辑分类研究[D]. 昆明: 昆明理工大学硕士学位论文.

夏学齐, 田庆久, 杜凤兰. 2006. 石漠化程度遥感信息提取方法研究[J]. 遥感学报, 10(4): 469-474.

许高程, 毕建涛, 王星星, 等. 2012. 面向对象的高分辨率遥感影像道路自动提取实验[J]. 遥感信息, (2): 108-111.

郑江荣, 马浩然, 屈鸿钧, 等. 2016. 利用 eCognition 软件多期遥感影像分割对象技术对新增建设用地进行检测[J]. 测绘通报, (2): 145-146.

周爱霞, 余莉, 冯径, 等. 2017. 基于面向对象方法的高分辨率遥感影像道路提取方法研究[J]. 测绘与空间地理信息, (2): 1-4.

朱济友, 徐程扬, 吴鞠. 2018. 基于 eCognition 植物叶片气孔密度及气孔面积快速测算方法[J]. 北京林业大学学报, 40(5): 37-45.

朱晓铃, 邬群勇. 2009. 基于高分辨率遥感影像的城市道路提取方法研究[J]. 资源环境与工程, 23(3): 296-299.

Gao Y, Marpu P, Niemeyer I, et al. 2011. Object-based classification with features extracted by a semi-automatic feature extraction algorithm-SEaTH[J]. Geocarto International, 26(3): 211-226.

Horn B K P. 1981. Hill shading and the reflectance map[J]. Proceedings of the IEEE, 69(1): 14-47.

Zevenbergen L W, Thorne C R. 1987. Quantitative analysis of land surface topography[J]. Earth Surface Processes and Landforms, 12(1): 47-56.